我的世界

マインクラフトで楽しく学べる！

地球のひみつ大図鑑

地球奥秘大百科

[日] 左卷健男 《我的世界》专家组 编著

黄晶晶 译

贵州出版集团
贵州人民出版社

目录

地球的构造

《我的世界》…… 2
森林 …… 4
湿地 …… 5
海洋 …… 6
沙漠 …… 7
冰山 …… 8
山 …… 9
河 …… 10
热带稀树草原 …… 11
天气的变化 …… 12
云 …… 13
火山和熔岩 …… 14
洞窟 …… 15
《我的世界》解密专栏
末地是什么样的 …… 16

岩石和矿石

岩石的种类 …… 18
铁矿石 …… 24
煤矿石 …… 26
铜矿石 …… 27
金矿石 …… 28
青金石 …… 29
祖母绿 …… 30
钻石 …… 31
紫晶 …… 32
石英 …… 33
《我的世界》解密专栏
下界是什么样的 …… 34

花草

蒲公英 …… 36
虞美人 …… 37
万代兰 …… 38
大花葱 …… 39
蓝花耳草 …… 40
郁金香 …… 41
滨菊 …… 42
矢车菊 …… 43
铃兰 …… 44
向日葵 …… 45
紫丁香 …… 46
玫瑰 …… 47
牡丹 …… 48
杜鹃 …… 49

孢子花 …………………………………… 50

苔 ………………………………………… 51

《我的世界》解密专栏

百花齐放的繁花森林生物群系 …… 52

农作物

小麦 ……………………………………… 54

南瓜 ……………………………………… 55

西瓜 ……………………………………… 56

土豆 ……………………………………… 57

胡萝卜 …………………………………… 58

甜菜 ……………………………………… 59

蘑菇 ……………………………………… 60

甘蔗 ……………………………………… 61

苹果 ……………………………………… 62

可可豆 …………………………………… 63

《我的世界》解密专栏

现实中不存在的神秘植物——地狱疣

…………………………………………… 64

原木和木材

橡树 ……………………………………… 66

桦树 ……………………………………… 67

黑橡树 …………………………………… 68

金合欢树 ………………………………… 69

丛林树 …………………………………… 70

云杉 ……………………………………… 71

竹子 ……………………………………… 72

生长在下界的树木 ……………………… 73

《我的世界》解密专栏

生长在末地的紫颂树 …………………… 74

陆地上的动物

牛 ………………………………………… 76

羊 ………………………………………… 77

猪 ………………………………………… 78

马 ………………………………………… 79

猫 ………………………………………… 80

狼 ………………………………………… 81

熊猫 ……………………………………… 82

北极熊 …………………………………… 83

鸡 ………………………………………… 84

鹦鹉和蝙蝠 ……………………………… 85

《我的世界》解密专栏

现实世界中不存在的怪物 ……………… 86

水中的动物

海豚 …… 88
热带鱼 …… 89
鲑鱼 …… 90
鳕鱼 …… 91
河豚 …… 92
乌贼 …… 93
墨西哥钝口螈 …… 94
乌龟 …… 95
《我的世界》解密专栏
探索沉入深海的海底遗迹 …… 96

便利的工具

镐 …… 98
锄头 …… 99
锹 …… 100
斧子 …… 101
水桶 …… 102
剪刀 …… 103
打火石 …… 104
剑 …… 105
弓和弩 …… 106
防具 …… 107
操作台 …… 108
熔炉 …… 109
织布机 …… 110
制图台 …… 111
铁砧 …… 112
唱片机 …… 113
红石 …… 114
红石中继器 …… 115
红石比较器 …… 116
阳光传感器 …… 117
观察者 …… 118
潜声传感器 …… 119
《我的世界》解密专栏
生活在《我的世界》里的人类 … 120

地球的构造

在沙盒游戏《我的世界》中，有着复杂多变的地形和气候，我们真实生活的世界亦是如此。气候会随着地形和光照等条件的变化而改变，反之，在气候长时间的影响下，地球上也形成了各种不同的地形。

索 引

《我的世界》……………………第 2 页
森林……………………………第 4 页
湿地……………………………第 5 页
海洋……………………………第 6 页
沙漠……………………………第 7 页
冰山……………………………第 8 页
山………………………………第 9 页
河………………………………第 10 页
热带稀树草原…………………第 11 页
天气的变化……………………第 12 页
云………………………………第 13 页
火山和熔岩……………………第 14 页
洞窟……………………………第 15 页

以地球为原型的广阔天地

《我的世界》

! 小贴士

沙盒游戏《我的世界》就是以人类居住的地球为模板构建而成的，不妨让我们通过游戏中的一草一石，去探索真实地球的奥秘吧。

地表

在游戏中，玩家、动物和怪物都生活在地表上。在现实中，地表位于地球最外侧。从地表至距离地表100千米的高空之间，充满了肉眼看不到的大气。

岩盖

在《我的世界》中，地上铺满了这种用镐都敲不碎的岩盖。

知识 《我的世界》里的另一个舞台

在《我的世界》里还有另外一个舞台，叫作“末地”。不过，现实世界中这个地方并不存在，它只存在于游戏中，是一个虚构的空间。

地球的内部构造

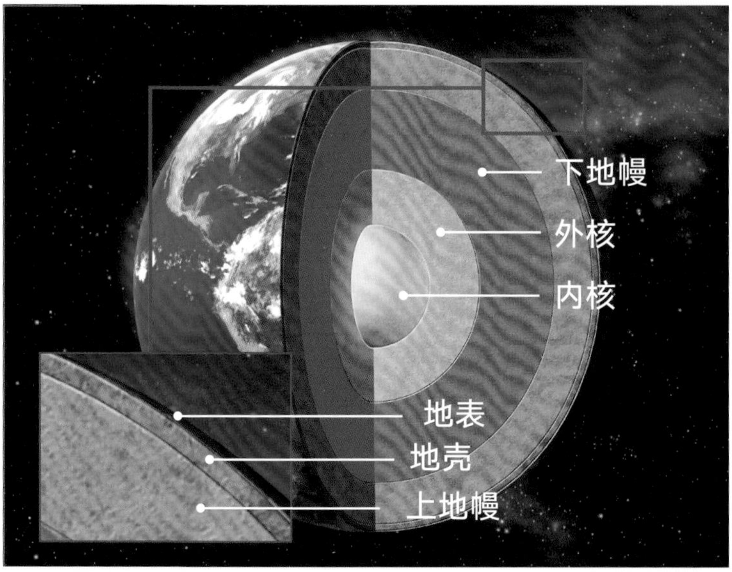

我们看不到地球内部，不过可以通过观测地震波等方式来探测地球的内部构造。地球的半径大约为 6370 千米，人类居住的地表以及地壳的厚度只有 30~70 千米。

地幔

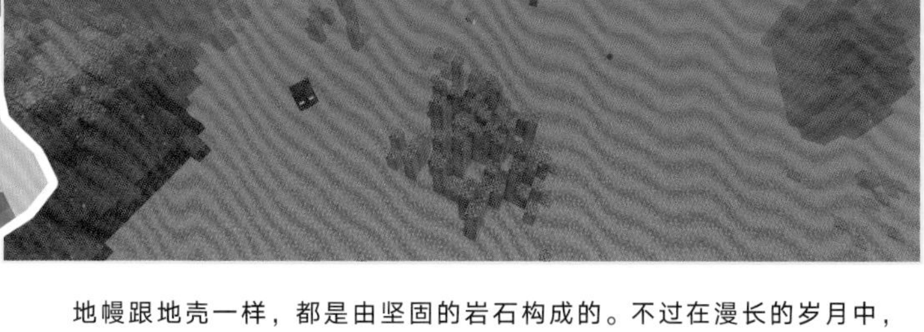

地幔跟地壳一样，都是由坚固的岩石构成的。不过在漫长的岁月中，岩体像液体一样缓慢地流动。别以为岩石都是冷冰冰的，地幔的温度高达 1500 ~ 3500 摄氏度！

在《我的世界》中，地壳之下也有生命体，但现实中的地幔里没有任何生物。

森林

! 小贴士

地球上树木众多的地方叫作森林，《我的世界》中也是如此。森林中生长着各类树木，各种生物在森林里繁衍生息。

热带雨林

全年气候温暖、雨水充沛的地域容易生长出更多种类的树木。中美洲、南美洲和东南亚地区降水量多，又靠近赤道，地球上的热带雨林大多集中于这些地方。《我的世界》中的原始森林就是以现实世界中的热带雨林为原型设计的。

许多动物的家园

很多动物都在这里繁衍生息。

森林与河流的作用

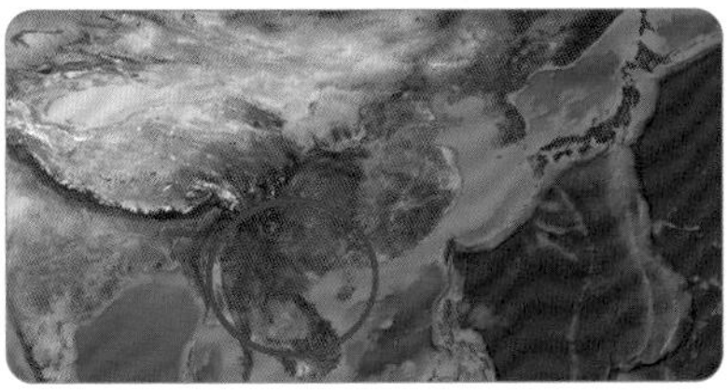

东南亚地区分布着广阔的热带雨林。

森林中的泥土可以过滤雨水，让洁净的水流到河里。同时，泥土让河水富含矿物质，这是浮游生物赖以生存的营养成分，海洋中的生命也由此繁盛起来。

知识 白桦杂木林

在游戏中，白桦树的白色树干上长着黑色纹路，看起来非常特别，堪称“植物界的斑马”，现实世界中的白桦树也是这样的。白桦树主要分布在中国、朝鲜、日本、蒙古国和俄罗斯等国家。跟游戏中一样，人们大多把白桦树用作木材。此外，它的树汁是化妆品的原料。

湿地

小贴士

湿地是濒临江河湖海或位于内陆，并长期被水浸泡的洼地、沼泽和滩涂的统称。有淡水湿地、海洋湿地之分。

潘塔纳尔湿地

潘塔纳尔湿地位于南美洲，是世界上最大的湿地，已被列入世界自然遗产名录。那里的水资源和植被都很丰富，非常多种类的动物栖息在那里，其中不乏一些濒临灭绝的珍稀物种。

金刚鹦鹉

《我的世界》中栖息在原始森林里的金刚鹦鹉，在现实中就有许多生活在潘塔纳尔湿地。

女巫的住所

在《我的世界》中，女巫的小屋就坐落在湿地上。小屋里有种着蘑菇的花盆，跟这片潮湿的地带非常相配。

知识 湿地草原是怎么形成的

一般情况下，海滩或湖泊逐渐被泥沙掩埋，慢慢变浅，最终形成湿地。如果湿地生长着茂密的植被，我们就叫它“湿地草原”。在这里枯死的植物不能完全分解，而是会逐渐形成富含植物组织的泥煤，所以湿地草原地带往往有丰富的泥煤资源。

一望无际的蓝色世界

海洋

小贴士

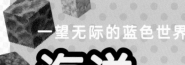

《我的世界》以“寒带海域”和“温带海域”为标准对海洋生物群系进行划分，现实世界也是如此，生活在不同区域的海洋中的生物有巨大的差异。

太平洋及沿岸地形

太平洋位于亚洲、大洋洲、南极洲、南美洲和北美洲之间，是地球上面积最大的海洋。海洋与陆地连接的区域被称为沿海地区。沿海地区受海浪不同程度的冲刷，形成的地貌各不相同。

基本信息

● 面积：1.8 亿平方千米 ● 平均水温：4.7 摄氏度 ● 最深处：11034 米

海洋是如此辽阔，划着小船怎么也看不到陆地的影子。乘船出行无异于海上冒险。

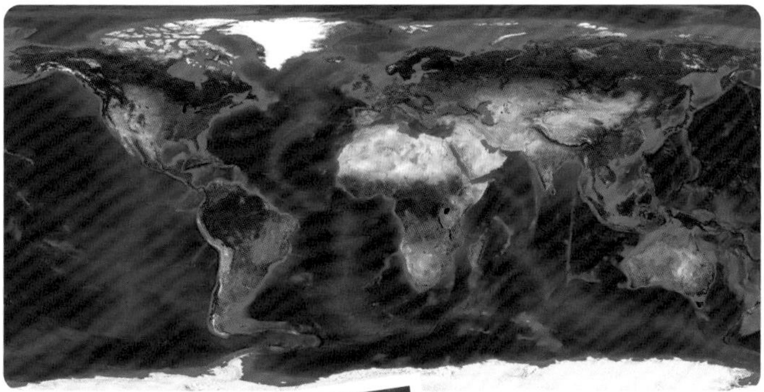

知识 海岸线多变的地形

沿海地区是与海洋相接的陆地区域。紧挨着海洋的部分叫作海岸。由于海水的冲刷，沿岸地区形成了独特的地貌。

横向海岸

这种海岸线地形狭窄，错综复杂，一般呈锯齿状。

海岸阶地

朝向大海、呈阶梯状的海岸。

各种各样的海

除了辽阔的太平洋，地球上还存在其他海洋——美洲大陆和亚欧大陆之间的大西洋、印度南侧的印度洋、洋面常年被冰雪覆盖的北冰洋。它们与太平洋合称“四大洋”。

沙漠

小贴士

沙漠地区降水稀少，几乎寸草不生。那里缺乏水分，大地十分干燥，地面上覆盖着沙子和岩石。

降水稀少的干燥地带

虽说沙漠里常年不见降水，但还是有一些独特的植物适应了沙漠严酷的环境，生存在这里。《我的世界》里的沙漠中同样存在的仙人掌，就是其中的代表。

在埃及和中美洲、南美洲等地，古代人民修建金字塔作为国王的陵墓。在游戏中，说不定很久以前也曾有国王哦！

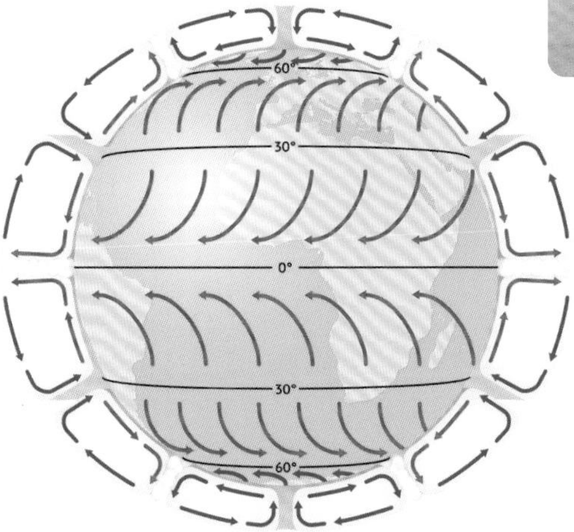

沙漠是怎么形成的

沙漠地带温暖的空气上升后形成云，变成雨水降下。失去水分的空气以干燥的状态回到地面。就这样，干燥的空气持续回到地面，最终促成了沙漠的形成。

原来是干燥的空气在作怪啊！

知识 飞扬的干爽细沙

沙漠中的沙子较细，很干爽。《我的世界》中也是这样的，沙子方块被打碎，就会变成一盘散沙。有时候玩家以为那只是普通方块，不假思索地抬手就挖，没想到大量沙子从天而降，把自己压在下面，那画面太恐怖了。

不管是在现实世界里还是在游戏里，沙漠里都是危机四伏，大家务必注意。

大地冻得吱嘎作响

冰山

小贴士

冰山是像小岛一样漂浮在海上的大冰块。只有极寒地区才能形成冰山，所以能看到它的地点非常有限。

南极附近的冰山

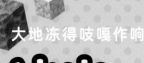

南极洲位于地球最南端，是一块巨大的冰雪大陆。它的面积约占世界陆地总面积的 9.4%，在世界七大洲中排第五位。

基本信息

- 面积：1405 万平方千米
- 平均海拔：2350 米
- 冰层平均厚度：2000 米

《我的世界》中的冰山可以在海里自由漂流。冰山附近有北极熊出没。

极昼和极夜

在极昼期间，太阳整天高挂天空，没有黑夜；极夜期间恰好相反，太阳不会升起，整天笼罩在黑暗中。

知识 因纽特人的冰屋

因纽特人的冰屋是把雪拍打结实，制成冰砖后建造的小屋，十分坚固。过去在加拿大北部的一些地区，狩猎的人们在迁徙的过程中会建造这种小屋，抵御严寒。在《我的世界》中的一些冰原地带也会见到这种小屋。

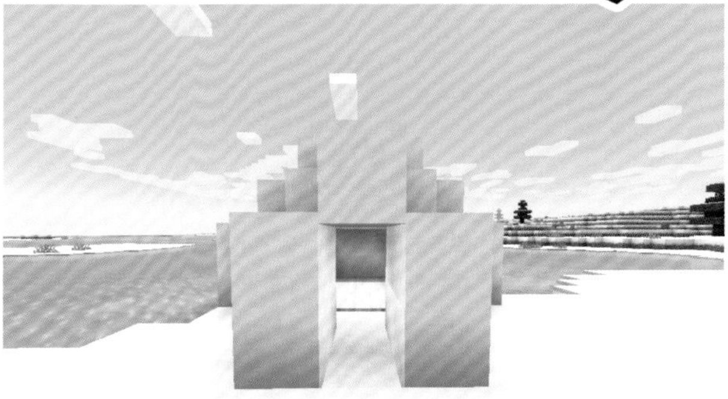

壁立千仞

山

小贴士

在现实世界和《我的世界》中，山都是极为常见的地形。有些山很适合徒步旅行，而有些山全是悬崖峭壁。

高山地带

山脉一般都是由一系列山聚集而成的。高山聚集的地方不太适合人类生存。

喜马拉雅山脉

地球上海拔最高的山脉是位于亚洲的喜马拉雅山脉。喜马拉雅山脉不仅海拔高，范围也非常广，横跨中国、印度、尼泊尔、巴基斯坦和不丹 5 个国家。

基本信息

- 最高峰：珠穆朗玛峰
- 最高海拔：8848.86 米
- 东西长：2450 千米
- 南北宽：200 ~ 350 千米

悬崖

悬崖一般常见于山地或海岸，角度几近垂直于地面。在《我的世界》中，悬崖是玩家冒险的必经之路，有很多玩家在登山时不慎跌下山崖。无论游戏内外，悬崖都是一种非常危险的地形。

663highland（知识共享许可协议）

东寻坊

东寻坊是日本非常著名的一处悬崖。位于福井县，沿海岸线绵延近千米，高出海平面约 20 米。这里很像悬疑电视剧里会出现的场景。

知识 山的形成

山的成因有好几种，包括地壳板块从两侧挤压中间，造成地表隆起而形成山；火山反复喷发，喷出的岩浆堆积起来形成山。无论是通过哪种方式形成山，都需要经历漫长的岁月。

河

小贴士

你在城市中看见的河流，其实是从山里流淌出来的。河流从高山发源，经过平原，最终流入大海的怀抱。

从高山流向海洋的河流

高山的地面下储存着来源于雨水等的地下水，这些地下水会在某个地方涌出地面，渐渐聚集成河流。

在《我的世界》中，河流随处可见，不过这里的河流并不一定是从高山流向大海的。在地形的作用下，一些山间的河流可能会形成瀑布。

河岸常见的地形

河水流动会带来三种结果，一是侵蚀削刮山体的岩石，二是搬运沙土，三是堆积搬运的沙土。在这三种作用下，河流周围的地形也会随之改变。

冲积扇

河流流出山谷时，摆脱了侧向约束，携带的泥沙便铺散、沉积下来，形成一块扇形地带，称为冲积扇。这种地形在山地附近很常见。

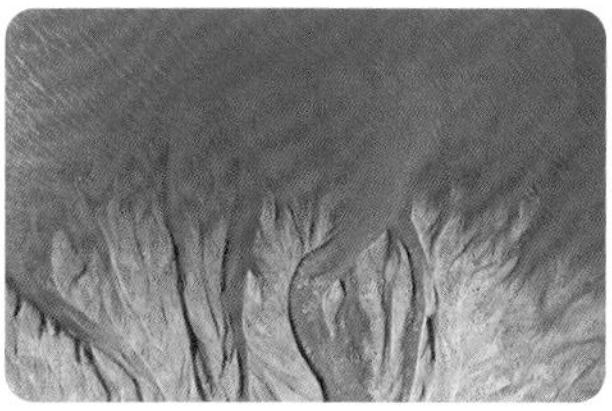

知识 冲积扇是如何形成的

河流从狭窄的山谷流到广阔的平原后，水势减缓，水流呈扇形向外流动。这部分水流携带的泥沙堆积起来，形成冲积扇。这种地形常见于平原或盆地。

天然堤

河流携带的泥沙堆积在两岸，形成天然的长堤。

三角洲

河流流入海洋、湖泊或其他河流时，携带的泥沙大量沉积，逐渐发展成冲积平原，称为三角洲。

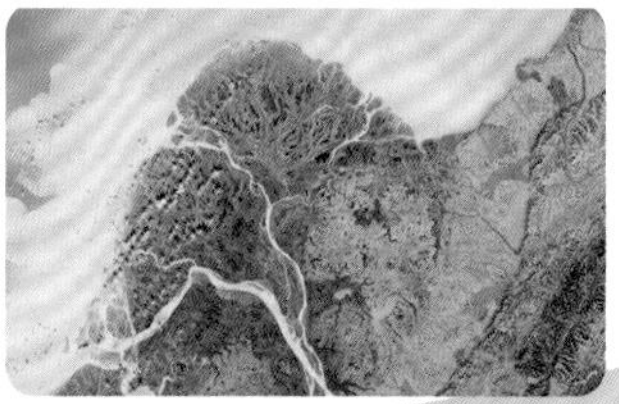

干季和湿季交替而来

热带稀树草原

! 小贴士

如果你熟悉《我的世界》，相信你对热带稀树草原不会陌生。在这里，干季和湿季交替循环。

巴西高原

巴西高原是极具代表性的属于热带稀树草原性气候的地区。它的面积非常大，约占巴西国土面积的一半以上。在干季和湿季交替循环的热带稀树草原地区，生活着上万种生物。

基本信息

- 最高海拔：2890 米
- 面积：500 万平方千米

在热带稀树草原地区，生长着《我的世界》中最具代表性的热带稀树草原植物——金合欢木。

非洲热带草原

说起热带稀树草原，不得不提非洲热带草原，很多野生动物栖息在这里。

热带雨林

热带稀树草原和热带雨林有些相似，不过它们有一个显著的不同点：热带稀树草原有干季，热带雨林终年多雨。

知识 去热带稀树草原开采黄金

巴西高原作为热带稀树草原，埋藏着丰富的矿物资源。钻石、金矿等矿石类资源在《我的世界》中十分常见。除此之外，还大量产出铁和铝土矿。

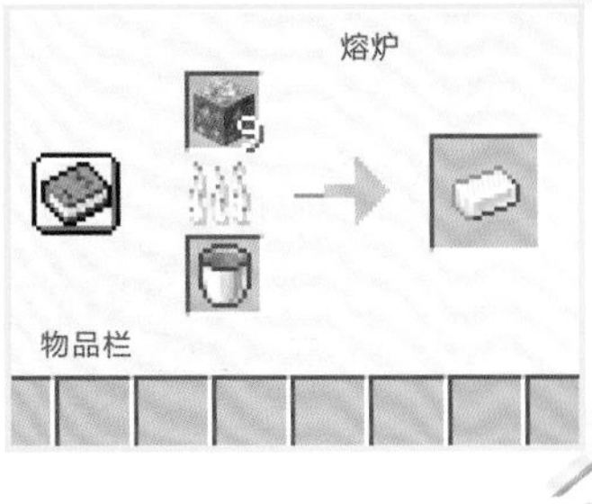

坐看云卷云舒

天气的变化

! 小贴士

不管是在《我的世界》中还是在现实世界里，都存在天气变化。不仅有晴天、雨天，还有雷电、降雪等各种天气变化。

晴天

没有降雨，能看见太阳的天气就是晴天。在游戏中，空中也有云，不过不会出现多云天气。

雪

在游戏中，雪原地带不会下雨，取而代之的是簌簌飘落的雪花。不过在现实世界中，北方并非只会下雪，也会下雨。

雨天

下雨时天色变暗，燃烧的火焰会被浇熄。这时几乎见不到阳光，能见度会变差。不管是在现实世界里还是在游戏里，雨天出行都要注意安全。

山顶有积雪

山顶的气温非常低，有时甚至低于0摄氏度。在这里，雪几乎不会融化。即使在夏天，很多山顶也会有积雪。

雷雨

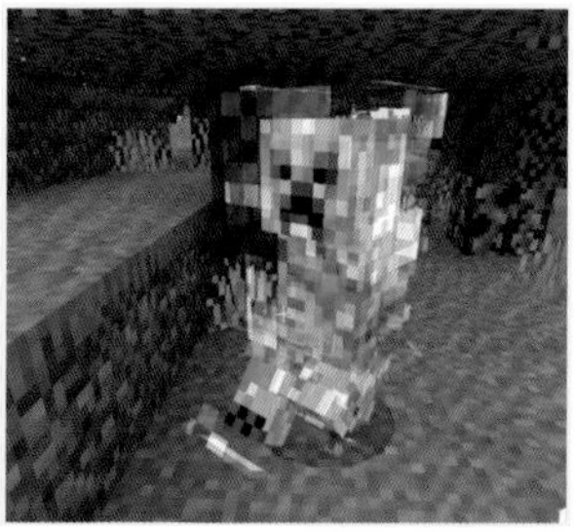

雷雨就是伴随雷电的暴雨。雷雨天气天昏地暗，雷雨云一般会以极快的速度移动。在《我的世界》中，如果苦力怕（《我的世界》中一种常见的敌对生物）被雷击中，就会变成闪电苦力怕。

知识 人们为什么可以预测明天的天气

过去，人们会通过观察天空，预测第二天的天气。随着科技的进步，人们通过气象卫星观测云层等大气状态，并将得到的信息绘制成天气图，天气预报的准确度非常高。

软绵绵、轻飘飘

云

！ 小贴士

飘浮在空中的云是由小水滴和小冰晶聚集而成的。水蒸气从海面和地面上升，与空气中的杂质一同升到高空，遇冷形成了云。

低气压和高气压

气压是指与大气接触的面受到的气体分子施加的压强。如果一处的空气比周围的空气稀薄，此处的气压就比较低，这种状态叫作低气压；如果一处的空气比周围的空气厚重，此处的气压就比较高，这种状态叫作高气压。空气一般从气压高的地方向气压低的地方流动，一旦空气开始流动，天气就会发生变化。

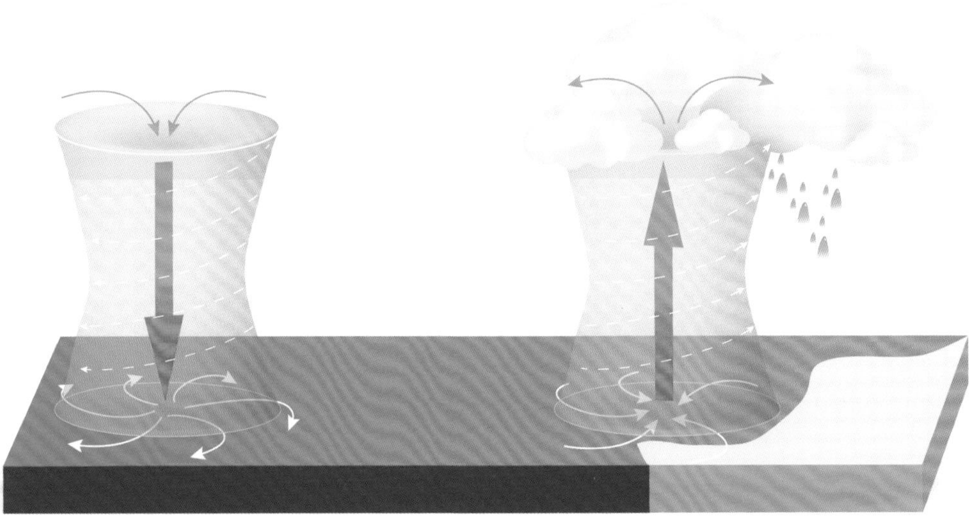

知识 云是怎么形成的

从海面或地表蒸发的水分变成水蒸气，升到空中。水蒸气在高空遇冷，附着在空气中的杂质上，形成小水滴或小冰晶，聚集起来便形成了云。

气压为什么会发生变化

空气受热会上升。阳光的照射只能使一部分地面或海面升温，这些区域的空气便会上升，余下的空气变得稀薄，就会变成低气压。

焚风

焚风指沿着山坡从高处吹向低处，使气温升高、湿度降低的干热风。常出现在山的背风坡。

喷涌而出

火山和熔岩

小贴士

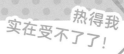

火山是地下岩浆涌出地表形成的山丘。熔岩是地下岩石熔化形成的高温液体。

活火山

顾名思义，活火山是处在活跃状态的火山，也就是可能会喷发的火山。火山一旦喷发，就会形成大量的火山渣、火山灰、火山碎屑流以及《我的世界》中也有的熔岩，危险至极。

地表可见的熔岩

岩浆是地球内部的岩石等物质熔化后形成的高温液态物质。喷出地表的岩浆称作熔岩。

日本的活火山

日本是一个多火山的国家。一般将过去一万年内喷发过的火山定义为活火山。符合这个定义的火山在日本有 111 座。

雾岛山

位于日本九州南部的火山群。现在仍在频繁活动，在过去的几年中多次爆发，喷出了许多火山渣和熔岩。

阿苏山

位于日本九州中部的著名火山群之一，以破火山口的复式火山著称。1980 年、2016 年、2021 年都爆发过。

西之岛火山

位于日本小笠原群岛的海底火山。在火山口附近高出海平面的状态下，由火山爆发产生的熔岩流等物质凝固、堆积而成。

摄影：日本海上保安厅

知识 熔岩有多热

在喷出地表的瞬间，熔岩的温度可达到 800 ~ 1200 摄氏度。在这样的高温下，熔点为 660 摄氏度的铝瞬间就会熔化。有时，熔化熔点为 1084.62 摄氏度的铜也不在话下。

在《我的世界》中，有些防火装备可以抵御熔岩的侵袭，这在现实世界中是不可能的。

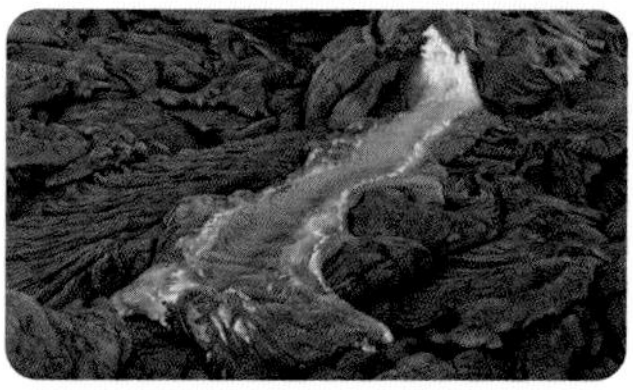

熔岩喷出地表后逐渐冷却，形成岩石。这些岩石堆积起来，形成独特的地貌。

伸手不见五指

洞窟

小贴士

现实世界中有很多洞窟。在《我的世界》中，解锁洞窟副本后能看到钟乳洞、地下湖等景观，跟现实世界非常接近。

日原钟乳洞

日原钟乳洞位于日本东京都奥多摩町，是东京都的自然保护区，也是日本关东地区最大的钟乳洞。钟乳洞是石灰岩在漫长的岁月中被地下水逐渐溶解而形成的。钟乳洞里到处都是像冰柱一样的钟乳石。这些钟乳石是石灰岩中的碳酸钙溶解后再次结晶形成的。

在《我的世界》里，洞窟中有钟乳石和从地面生出的石笋。在现实世界中，钟乳石每长 3 厘米要花近 200 年的时间。

基本信息

- 全长：1270 千米
- 高度差：134 米
- 地理位置：日本东京都奥多摩町

《我的世界》中的地下湖

在《我的世界》中，有些洞窟副本里有地下湖，湖里还有游来游去的发光乌贼。

喀斯特地貌

有些岩石和石灰岩一样，很容易被水溶解，在雨水和地下水等的侵蚀下形成一种独特的地貌，称作喀斯特地貌。钟乳洞就是喀斯特地貌的一种。

《我的世界》解密专栏

末地是什么样的

末地是《我的世界》中的特殊维度，终极大 BOSS（怪物头目）末影龙在那里恭候玩家。末地像小岛一样漂浮在虚空中，是一个荒芜的世界，玩家可以通过末地传送门到达那里。打败末影龙后可以去往末影城，那里有很多独特的建筑物，还有许多在别的地方找不到的物品，请务必去找末影龙较量一番。

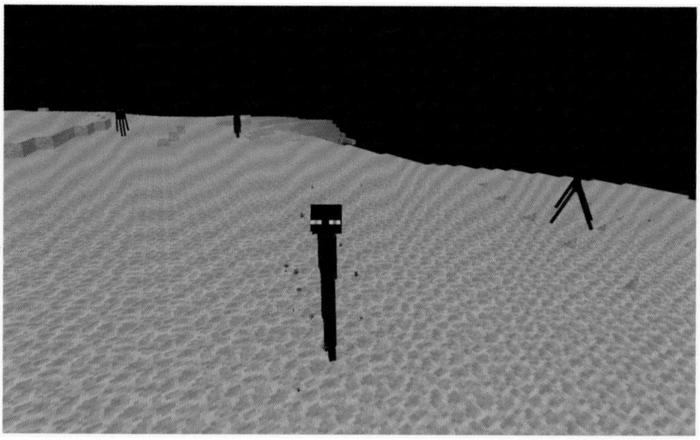

通过末地传送门就能到达末地。这里只有末影龙和大量的末影人，简直让人不寒而栗。

去末地的方法

将末影之眼镶在末地传送门上，就可以启动末地传送门。

末影龙的巢穴

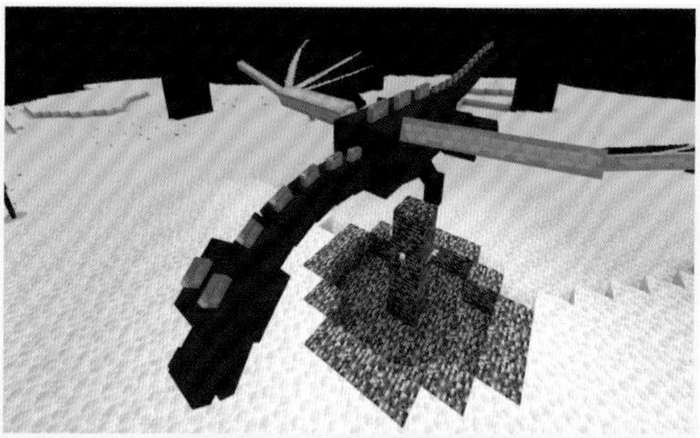

锵锵锵，末影龙在末地闪亮登场！它是《我的世界》中的终极大 BOSS。

飘浮在空中的末影船

末影船是末影城里的一座建筑，船头装饰着末影龙的头。没人知道到底是谁建造了它、为何建造它。

鞘翅

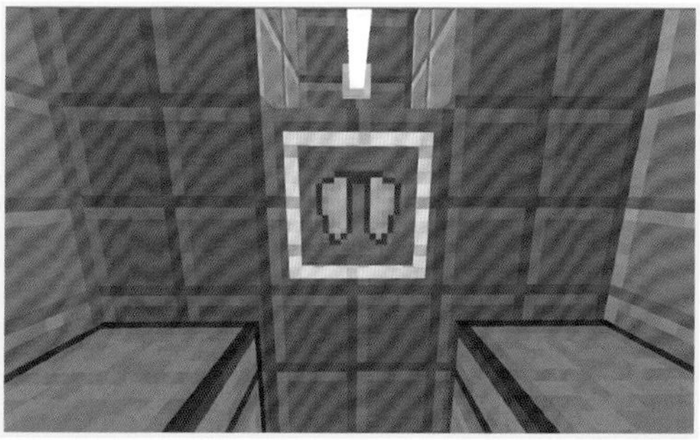

要说《我的世界》里最珍贵的隐藏宝贝，还要数鞘翅。玩家可以在末影船上找到鞘翅，装备之后可以滑翔，非常方便。

岩石和矿石

陆地是由坚硬的岩石组成的。根据结构和所含物质不同，岩石被分为非常多的种类。从被用作建筑材料的质地坚硬的石材，到被用作装饰品的闪耀着动人光辉的矿石，每种岩石都有不同的用途。

索　引

岩石的种类……第 18 页

铁矿石……第 24 页

煤矿石……第 26 页

铜矿石……第 27 页

金矿石……第 28 页

青金石……第 29 页

祖母绿……第 30 页

钻石……第 31 页

紫晶……第 32 页

石英……第 33 页

经年累月形成的矿石

岩石的种类

小贴士

《我的世界》中也有一些常见的岩石。一起看看每种岩石有什么样的特征吧！

岩石

岩石大致可分为三种。

第一种是火成岩，是熔岩凝固形成的石头。

第二种是沉积岩，是水底的沉积物经过漫长的岁月固化形成的。

第三种是变质岩，是火成岩或沉积岩受地下热量或压力的影响，发生变质作用而形成的。

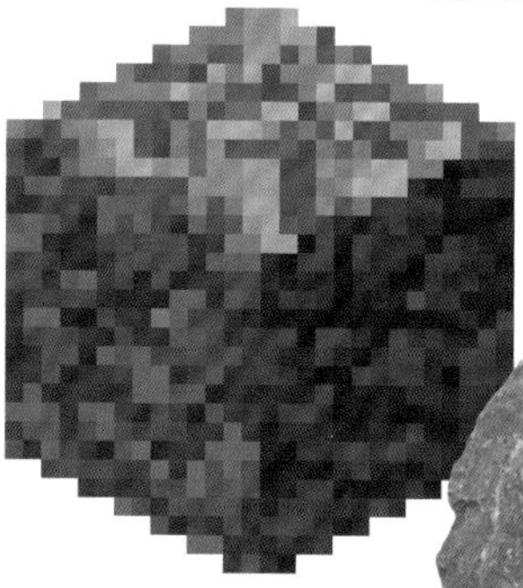

基本信息

- 颜色：灰色、黑色、白色等
- 成分：多种物质
- 产地：世界各地
- 用途：广泛

采石场

顾名思义，采石场就是开采岩石的场所。

在《我的世界》中，玩家需要开采一些常见的石材，例如花岗岩、闪长岩等。采集的岩石可以用作建筑石材或工业原料。

从山的斜坡开采

山间的岩石裸露在外的场景在《我的世界》中也很常见。在现实世界中，这样的地方一般是采石场。当然，在现实世界中采石，不是用一把镐就能做到的，一般要用重型设备进行开采。

沙砾

沙砾是岩石自然碎裂后，经水流冲刷，抹平棱角而形成的小颗粒。通常，沙砾的直径大约为 5~40 毫米。

《我的世界》中也有沙砾。游戏中地下的石块碎裂，会像沙子一样往下流。它是混凝土和沥青的原料。

制作混凝土的原料

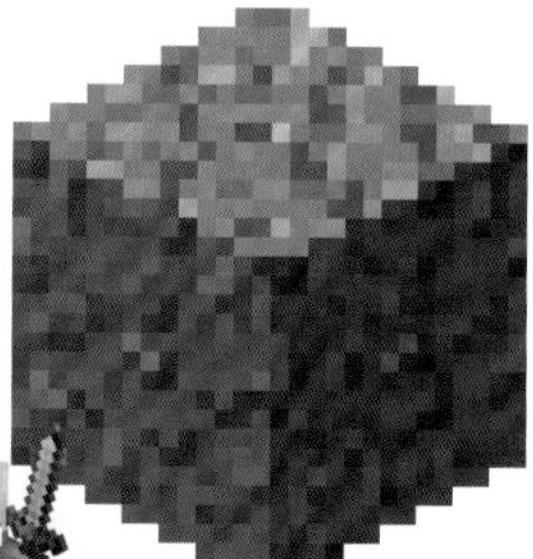

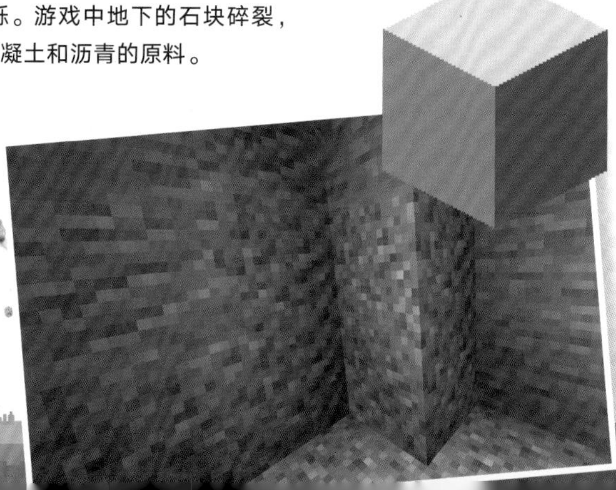

花岗岩

花岗岩是一种分布广泛、随处可见的火成岩。岩浆在地下深处冷凝结晶，就会形成花岗岩。花岗岩的主要成分有石英、长石、黑云母等矿物。由于极其坚硬，多用作建筑材料。不过，它可能会因阳光直射的热量而开裂。

在《我的世界》中，玩家进行地下开采时，经常能遇到聚集在一起的花岗岩，非常容易开采。将抛光的花岗岩用在建筑物上非常漂亮，因此它很受欢迎。

基本信息

- 颜色：红褐色、黑色、白色等
- 成分：石英、长石等
- 产地：世界各地
- 用途：路标石、建筑物等

知识 花岗岩的颜色

在《我的世界》中，花岗岩的颜色偏红，不过现实世界里的花岗岩由好几种颜色混合而成，会带一点儿白色，同时有一些明显的黑色颗粒。这是因为花岗岩由黑云母、长石、石英等矿物组成，各种矿物的含量不同，呈现出的色彩就会有差别。

如果黑云母含量比较高，黑色的颗粒就会更明显。

大多数花岗岩有红色花纹，因为它的成分之一是碱性长石。

日本国会议事堂使用了 3 种花岗岩

抛光的花岗岩

在现实世界中，为了发挥花岗岩质地坚硬的优势，人们常把它用作建筑材料。经过抛光处理的花岗岩外形美观、表面光滑、有光泽，常被用来装饰大楼的外墙。

日本有一处极具代表性的花岗岩建筑——著名的日本国会议事堂。其外墙使用了广岛县产的议院石、山口县产的德山石以及新潟县产的安田石。

闪长岩

这种岩石由岩浆在地下深处缓慢结晶而成，主要矿物成分是斜长石和角闪石等。其中，石英含量较高的称石英闪长岩。

基本信息

- 颜色：灰色、黑色、白色等
- 成分：斜长石、角闪石等
- 产地：世界各地
- 用途：建筑物等

《我的世界》中的闪长岩整体是白色的，其中包含明显的黑色颗粒。它跟花岗岩一样，可以大量开采。

黑云母和角闪石

黑云母和角闪石都是闪长岩蕴含的矿物，属于有色矿物。黑云母正如其名，颜色是纯正的黑色。角闪石也是黑色的，但硬度比黑云母高。

抛光的闪长岩

对闪长岩进行打磨、抛光，它会变得亮闪闪的。它的色彩构成比较简单，只有黑白两色，因此常被用于制作墓碑。

知识 《我的世界》中容易开采闪长岩的地方

闪长岩在《我的世界》中是一种比较常见的岩石。从地表浅层到地下深处都有广泛分布，一般在开采铁矿石或钻石的时候，都能顺便收集闪长岩，不知不觉间就能积累大量矿石。

在加工闪长岩等石材时，需要准备切石机。它可以瞬间将大量石材加工成不同的形状。

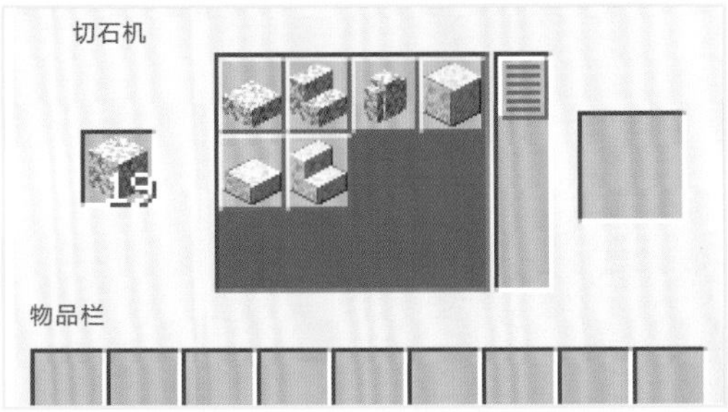

安山岩

安山岩呈黑色，属于火成岩的一种，由岩浆凝固而成。它跟闪长岩不同，闪长岩是在地下深处缓慢凝固而成的，安山岩则是岩浆在地表附近突然遇冷，凝固而成的。安山岩整体色调偏暗，不过还是可以看到一点儿斜长石的白色颗粒。

在《我的世界》中，它和花岗岩、闪长岩一样很容易开采。只要进行开采活动，很容易遇到安山岩。经过打磨，它也会变得亮闪闪的。

基本信息

- 颜色：灰色、黑色、白色
- 成分：斜长石、辉石、角闪石等
- 产地：世界各地
- 用途：石墙等

黑曜岩

这种岩石通体漆黑，是黏性很高的岩浆在地表附近急速遇冷，凝固而成的。这种漂亮的黑色极具观赏价值，黑曜岩经过加工，一般被制成装饰品。

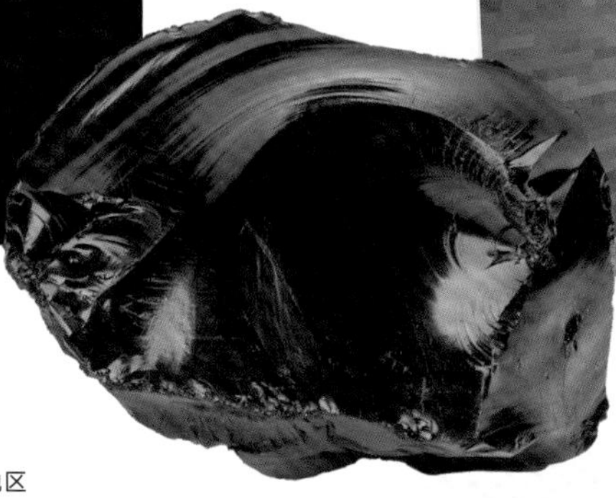

在《我的世界》中，可以通过往停止流动的岩浆中倒水来制作黑曜石。制成的黑曜石质地非常坚硬，可以用它来制作开采钻石的镐。

基本信息

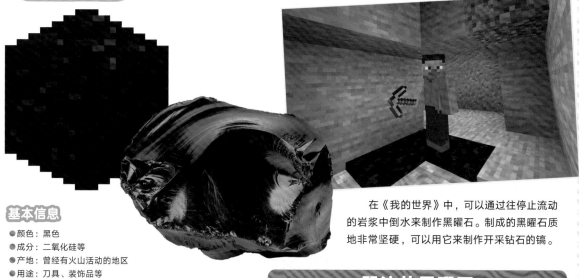

- 颜色：黑色
- 成分：二氧化硅等
- 产地：曾经有火山活动的地区
- 用途：刀具、装饰品等

哭泣的黑曜石

在《我的世界》中，哭泣的黑曜石闪烁着紫色光芒，可用于制作下界复活点“重生锚”，是非常珍贵的变种方块。

砂岩

砂岩是一种沉积岩，是沙子和小石块被压到一起形成的固体物质，在沉积岩中非常普通。由于它是由沙石挤压而成的，与花岗岩等石材相比，耐久性略逊一筹。虽然不适合用来盖房子，但是色调简约耐看，所以经常被用作屋内装饰。

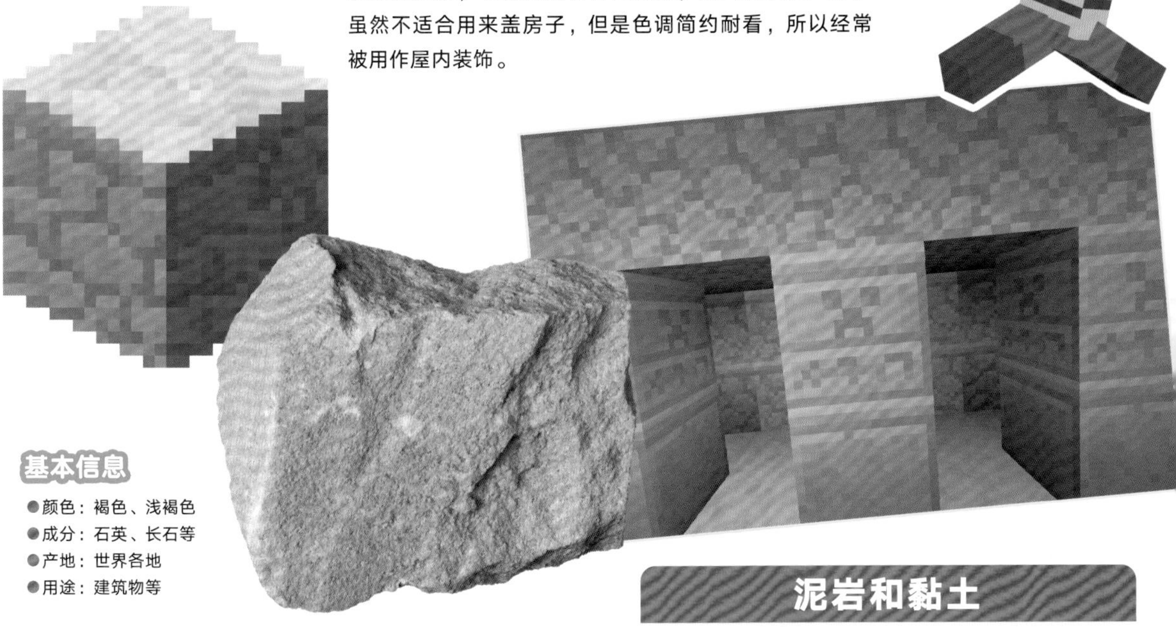

基本信息

- 颜色：褐色、浅褐色
- 成分：石英、长石等
- 产地：世界各地
- 用途：建筑物等

泥岩和黏土

泥岩是碎裂的石头颗粒变成泥，再被挤压成块形成的岩石。石头颗粒更小的就是黏土，《我的世界》中也有类似的黏土块。

黏土块

泥岩

有花纹的砂岩

跟火成岩相比，砂岩的质地较为柔软，比较容易加工，可以在上面雕刻一些花纹。在《我的世界》中，玩家也可以在砂岩上雕刻图案。

切割砂岩

可以对砂岩进行切割。砂岩不像其他石材那样有光泽，只是比较平滑。

砂岩建成的金字塔

很久以前，砂岩也是一种很重要的建筑材料。和游戏中一样，古埃及人用砂岩建造了巨大的金字塔。

玄武岩

在《我的世界》中，玄武岩在下界生成，是火成岩的一种。玄武岩的颜色介于黑色与灰色之间，含有辉石、橄榄石、斜长石等。玄武岩是熔岩凝固后形成的，很多玄武岩直接成了地壳的一部分。

基本信息

- 颜色：黑色、灰色等
- 成分：辉石、橄榄石等
- 产地：世界各地
- 用途：照相机的三脚架、路缘石

火山喷发的玄武岩熔岩

地幔上部的一部分融化，形成玄武岩岩浆，在地表遇冷后形成玄武岩。在游戏中，下界的岩浆可能就是这种玄武岩岩浆。

成为路缘石的原料

玄武岩常被用来制作隔开人行道和车行道的路缘石。

知识 在《我的世界》中制作玄武岩

在《我的世界》中，下界有一个叫作玄武岩三角洲的生物群系，在那里可以采集大量的玄武岩。不过，想要找到那里可要费一番功夫。所以，当玩家需要大量玄武岩时，不妨试试直接用熔岩桶、灵魂土和蓝冰制作玄武岩。

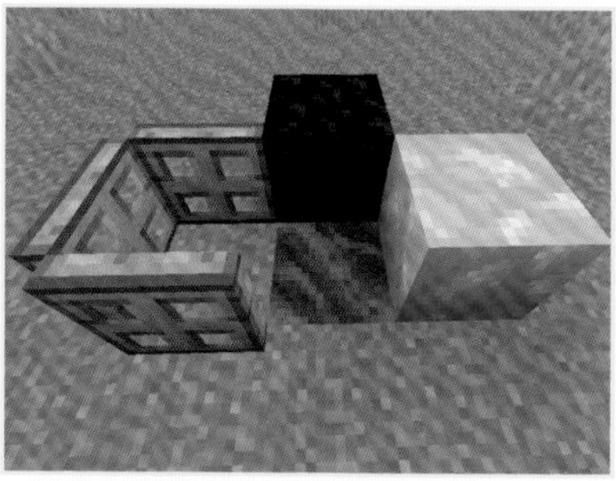

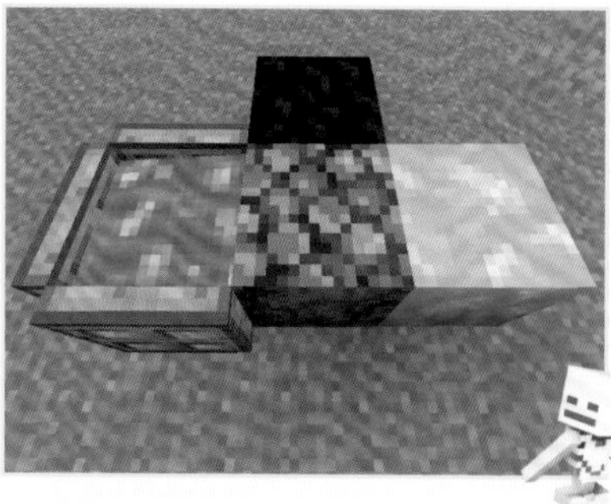

可以做成所有的工具

铁矿石

小贴士

不管是在《我的世界》中还是在现实生活中，自古以来，铁常被用以制作各种工具和装备。

铁矿石

在游戏中，从岩壁向里开凿，就能得到铁矿石。

在现实世界中也是如此，世界各地都有开采铁矿的岩壁矿山。俄罗斯、澳大利亚、乌克兰、中国、巴西是铁矿石的主要出产国，这五国的铁矿石产量占全球产量的 70% 左右。

在《我的世界》中，铁矿石带一点儿橙色。

基本信息

- 颜色：红褐色、灰色等
- 成分：氧化铁等
- 产地：世界各地
- 用途：铁制品加工

用铁制造的铁傀儡

在《我的世界》中，可以收集铁方块，制成守护村民的铁傀儡。

铁矿石的加工

看上去可真热呀！

在冶炼厂，铁矿石被冶炼成铁。将熔化的铁水倒进模具里冷却，就可以将铁加工成铁锭。在《我的世界》中，玩家可以用熔炉制作铁锭。

成为修理道具的材料

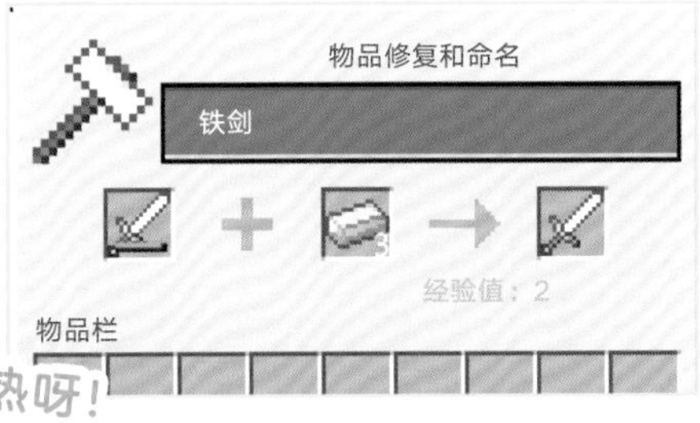

在《我的世界》中，如果某件武器的耐久度下降了，玩家可以将其放入铁砧，使用相同材质的材料进行修复，例如用铁锭修复铁剑。

铁锭

从开采的铁矿石中提取铁，高温加热后放入模具，加工成铁锭。这一系列操作称作炼铁。在《我的世界》中，炼铁只要用熔炉就能完成，但在现实世界里没那么简单，需要在大型的冶铁厂中进行。

升级装备的必需品

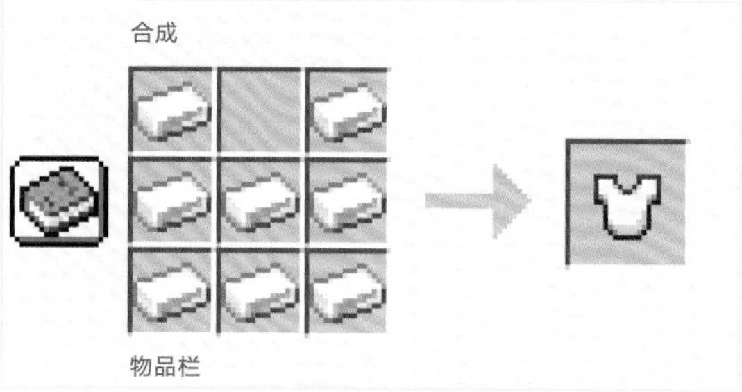

在《我的世界》中，升级装备的必备材料不是木头和石头，而是铁。

制成方便加工的形状

将熔化的铁水倒进模具里固定成型，使一块块不规则的铁矿石变成方便加工的铁锭或管状物，这个过程叫作铸造。

知识 下界合金存在吗

《我的世界》中有一种材料叫作下界合金，是用从下界最深处采集的远古残骸制成的。这种矿物在现实世界中自然是不存在的，不过有一种矿石可能是下界合金的原型——朗斯代尔石。

下界合金锭

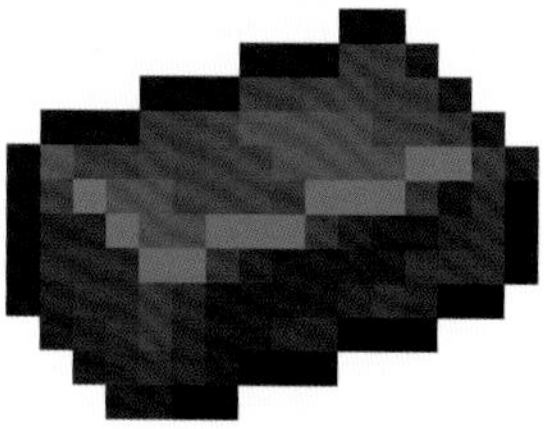

用下界合金块和金锭制成的一种极为罕见的素材，可以制成最高级别的装备。

含有朗斯代尔石的暗黑峡谷陨石

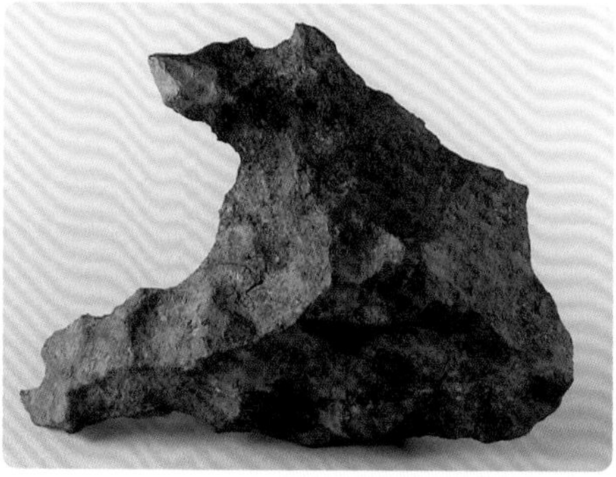

Geoffrey Notkin （知识共享许可协议）

陨石中的石墨在冲击和热量的影响下发生变质，形成朗斯代尔石。其硬度甚至在钻石之上。

提到燃料，第一个就想到它

煤矿石

小贴士

煤炭极易燃烧，从古至今都被人视为宝物。在《我的世界》里，煤矿石是每个玩家一开始最想拥有的矿石。

煤矿石

很久以前，植物在变成泥土之前被埋到地下，在热量和压力的影响下变质，成为煤炭。

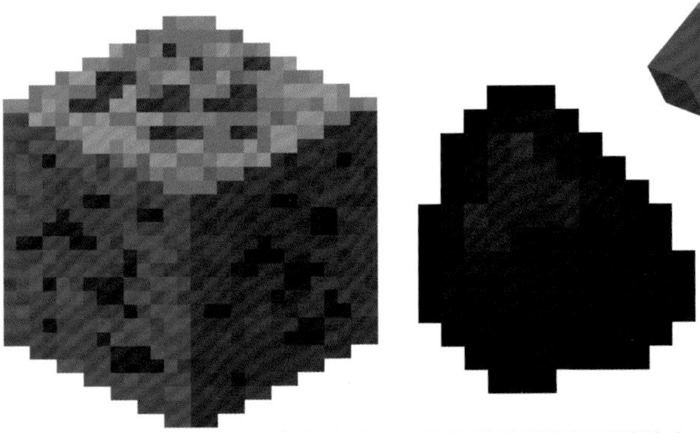

在游戏中，玩家将煤矿石块放到熔炉中焚烧，就会得到煤炭，可以作为材料使用。

基本信息

- 颜色：黑色
- 成分：碳、氢、氧等
- 产地：世界各地
- 用途：燃料等

知识 实际的开采现场

可以大量开采煤炭的地方称作煤矿。在现实世界里，人们不像游戏里那样拿着一把镐一点儿一点儿地挖煤，从挖掘到搬运全都是机械化流程。

在《我的世界》中可以在地表附近采煤

在游戏中，煤矿石是新手玩家最想得到的矿石之一，在地表附近就可以找到。

燃料和火把的材料

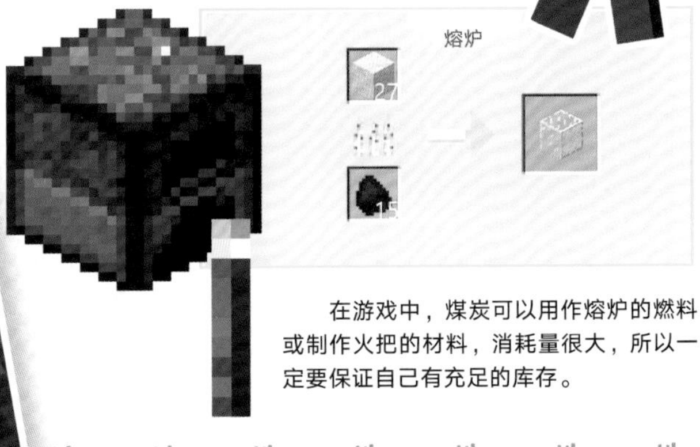

在游戏中，煤炭可以用作熔炉的燃料或制作火把的材料，消耗量很大，所以一定要保证自己有充足的库存。

可以做成工具

铜矿石

小贴士

在现实世界中，铜和铁一样都是应用极其广泛的原材料。《我的世界》中也有这种材料。

铜矿石

从很久以前开始，铜就是被广泛应用的一种金属。如今，铜的生产量和消耗量非常高，用途多种多样。

基本信息

- 颜色：绿色、橙色等
- 成分：氧化物、硫化物等
- 产地：世界各地
- 用途：铜制品

知识 从古代使用至今

铜的应用可以追溯到很久以前。世界上最早进入青铜时代的是美索不达米亚和埃及等地，开始于公元前3000年。中国商代是高度发达的青铜时代。

图为铜铎，一种乐器。

铜锭

跟炼铁一样，铜矿也会被提炼成精铜，再加工成铜锭。在《我的世界》中，一般的道具和装备用不到铜，铜可以用来制作双筒望远镜等特殊工具。

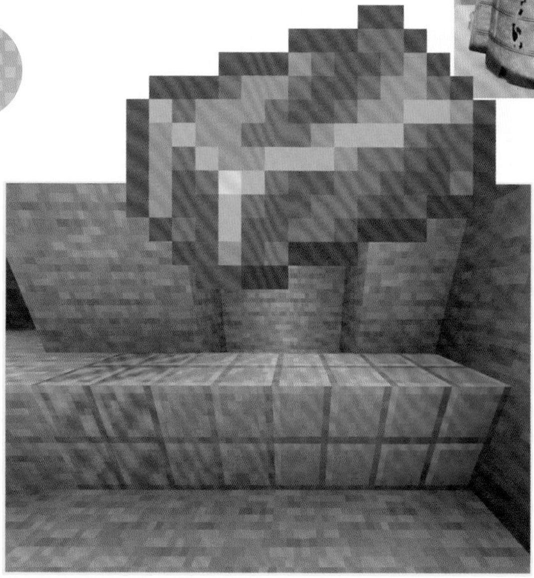

极易生锈的金属

在《我的世界》中，铜块会经历四个生锈阶段。易生锈是铜的特征之一。

让所有人着迷

金矿石

小贴士

从古至今，黄金在世界各地体现它的货币价值。

金矿石

黄金是财富的代名词。它是一种埋在地下的矿石。作为金属，它的质地非常柔软，所以人们一般不用它做制造工具的原材料。更多的时候，它是一种贵金属，被用作货币和装饰品。

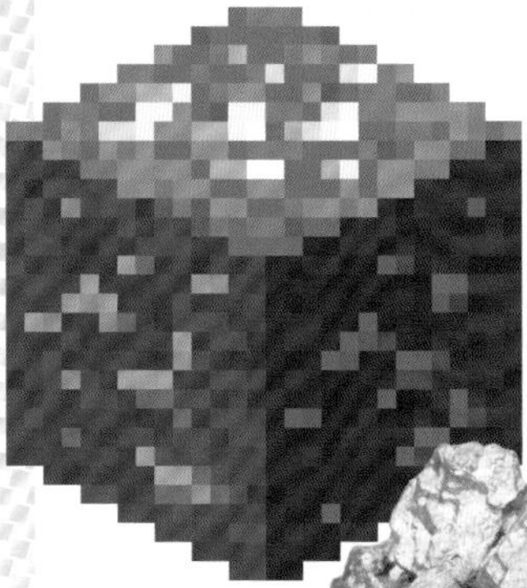

最爱黄金的猪灵

在《我的世界》中，住在下界的猪灵最喜欢黄金，它不会攻击穿着黄金装备的玩家。如果玩家给它金锭，它还会给玩家装备。

基本信息

- 颜色：金黄色
- 成分：金等
- 产地：世界各地
- 用途：装饰品等

金山内部

可以开采黄金的地方称作金矿。

金锭

在现实世界中，谁都喜欢金锭，它是财富的代名词。不过，在《我的世界》中，黄金耐久度很差，用它制作的装备和工具耐久度也很差。

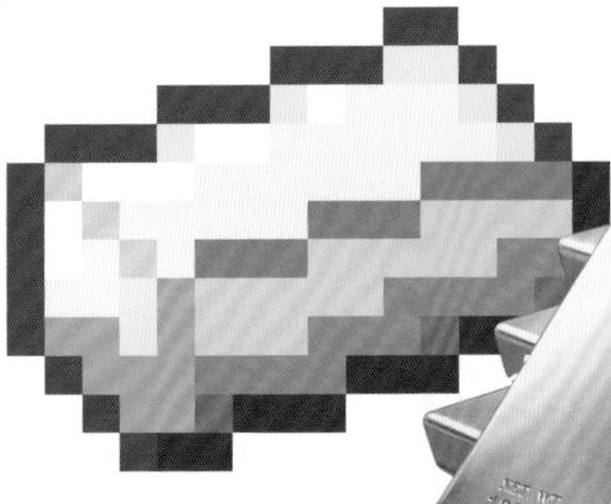

美丽的蓝色宝石

青金石

小贴士

从很久以前开始，青金石就是一种深受大家欢迎的宝石。中国古代的人们称之为璆琳、青黛。

青金石

青金石产于碱性火成岩与石灰岩、白云岩的接触带，通常含有白色的方解石、透辉石等矿物，亦常含少量星点状黄铁矿。通常呈美丽的蓝色。

基本信息

- 颜色：蓝色　●成分：方解石、透辉石等
- 产地：阿富汗等　●用途：装饰品、颜料等

青金石的产地

自古以来，阿富汗的巴达克山就是有名的青金石产地。青金石的产地在世界范围内并不多见。

附魔[1]的能量来源

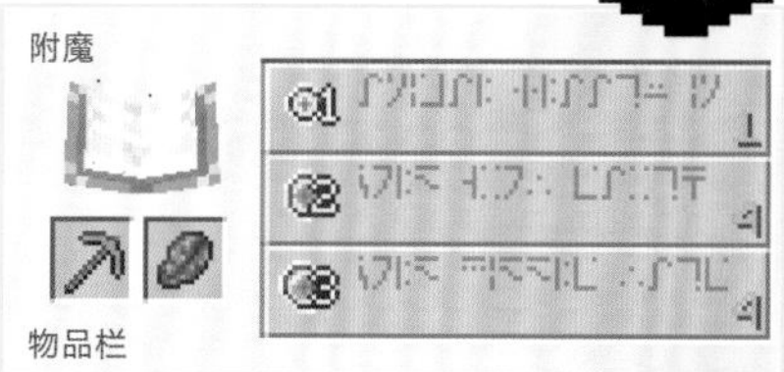

可能是由于现实世界中人们将青金石看作一种能量石，在《我的世界》中，青金石也是附魔的能量来源。

知识　被用在群青色的颜料中

青金石因为色彩美丽，不只被视作宝石，还被用来制成颜料。用青金石制成的群青色颜料，呈现出鲜艳的蓝色。

我莫名感受到了力量！

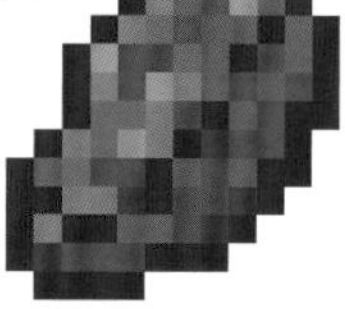

1. 在《我的世界》中，附魔是为盔甲、工具、武器以及书添加魔咒的游戏机制，这些魔咒可以添加或增强物品的特殊能力和效果，并赋予其光效。——编注

众人皆知的绿宝石

祖母绿

小贴士

祖母绿是一种著名的绿宝石。在《我的世界》中，它的美丽让它具备了货币的职能。

祖母绿

它是绿柱石矿物的一种，在铬、钒和铁分的作用下，呈现出绿色。在《我的世界》中，祖母绿矿石多在高山出现。在现实世界里，哥伦比亚是最大的优质祖母绿产地。

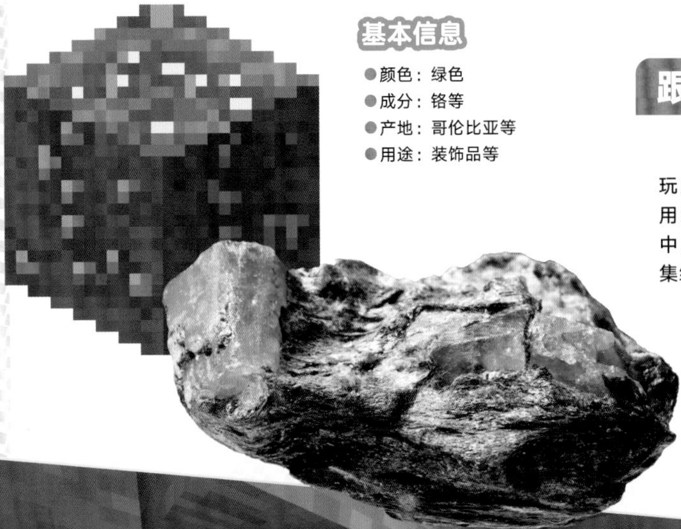

基本信息

- 颜色：绿色
- 成分：铬等
- 产地：哥伦比亚等
- 用途：装饰品等

跟村民的交易

在《我的世界》中，玩家与村民交易时，可以用绿宝石当货币。在游戏中，贸易比开采更容易收集绿宝石。

阿兹特克帝国和印加帝国

14~16 世纪，中美洲的阿兹特克帝国和南美洲的印加帝国都处在繁盛时期。当时，南美洲产出了大量祖母绿，这两个帝国都将其视为圣物。

绿宝石

在《我的世界》中，玩家将绿宝石矿石放入熔炉中冶炼，便可以得到绿宝石。它一般作为货币使用，无法充当原材料。而在现实世界中，工匠会对原石进行精美的加工，将其切割成宝石的形状。

具备一级的强度与美丽程度

钻石

小贴士

钻石是《我的世界》中非常罕见的名贵宝石。由于它具备极高的硬度，闪耀又美丽，在现实世界中深受人们喜爱。

钻石矿石

钻石由碳元素组成，硬度极高。在现实世界中，钻石是在高热高压的熔岩中，经历漫长的岁月形成的。因此，即使是在《我的世界》中，玩家也只能在很深的地下找到钻石。

基本信息

- 颜色：无色、透明等
- 成分：碳
- 产地：俄罗斯等
- 用途：装饰品等

唱片机的唱针

因为具有极高的硬度，钻石不仅被视作宝石，还会被用来制造一些东西，例如唱片机的唱针。唱针滑过唱片的沟槽，播放的声音也会随着变化。

知识 钻石是可燃的

大家都知道钻石硬度极高，但它也有脆弱的一面——它能在氧气中燃烧，变成二氧化碳。这是因为钻石是由碳元素构成的。

钻石

在《我的世界》中，钻石一般被用来制作装备。不过在现实世界中，钻石的主要价值是以宝石的形式体现的，例如在购买结婚戒指时，许多人会选择钻戒。

闪耀着紫色光辉的神秘宝石

紫晶

小贴士

《我的世界》在更新的数据中添加了紫晶。其外观晶莹剔透，十分美丽。

紫晶

包括中国在内，世界上有很多地区产出紫晶，不过，不同地区产出的紫晶大小和色泽不同。巴西是紫晶的主产地之一，中国山西、新疆、云南等地也有出产。

基本信息

- 颜色：紫色
- 成分：二氧化硅等
- 产地：巴西等
- 用途：装饰品等

在空心石核内形成紫晶

空心石核是侵入岩（尤其是花岗质岩石）中的一些气液混合体冷凝时逸出，遗留的空洞构造，也叫作晶洞。紫晶在这种空洞内比较容易形成。空心石核在《我的世界》中也出现了。

知识 可以当作遮光玻璃的原材料

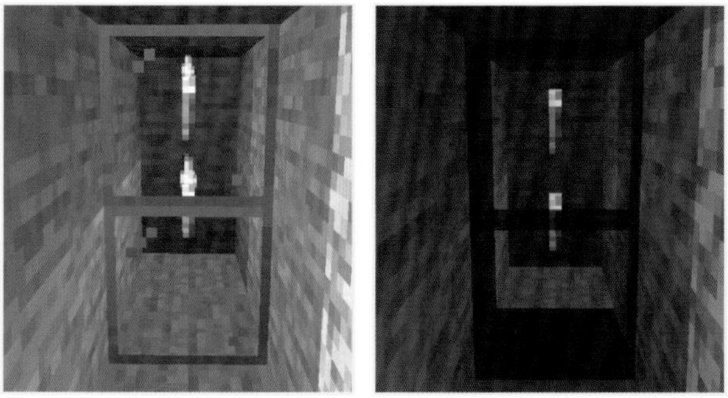

在现实世界中，紫晶主要被当作装饰品或宝石。在《我的世界》中，紫晶的性质与玻璃相似，玩家可以用它来制作有色玻璃或双筒望远镜。

在《我的世界》中，紫晶也会长大

让我们一起见证它的成长吧！

在现实世界中，经过漫长的岁月，紫晶会渐渐长大。在《我的世界》中也是这样的。它的成长分为四个阶段，随着时间的流逝，会越长越大。

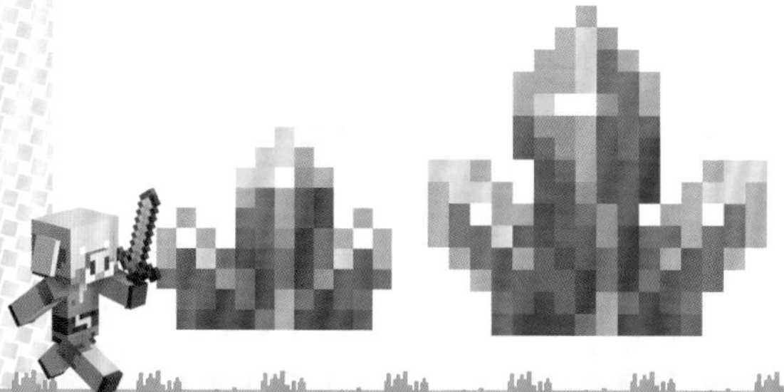

透明的结晶

石英

! 小贴士

水晶就是无色、透明的石英晶体。中国古代的人们称它为水精、水玉、千年冰。

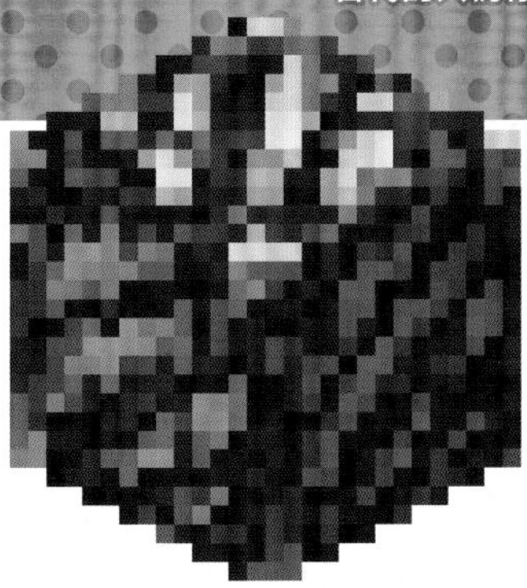

石英

在《我的世界》里，有一种叫下界石英的物质。单看下界石英矿石，会发现它有点儿泛红，其实里面的白色矿石才代表石英原本的颜色。

基本信息

- 颜色：无色、透明等
- 成分：二氧化硅等
- 产地：世界各地
- 用途：装饰品、电子零件等

手表里的晶体振荡器

石英被施加电压后会发生振动。利用这种容易振动的性质，人们用石英制作电路中的许多零部件，晶体振荡器就是其中的一种。将石英切成薄薄的一片，在上面安装电极就可以运作。

电脑内部也有石英

由于石英很容易发生稳定的振动，它不只可以用来制作手表，在电脑这种精密仪器中，也可以在电路板方面发挥一技之长。石英是一种实用性极高的矿石。

下界石英

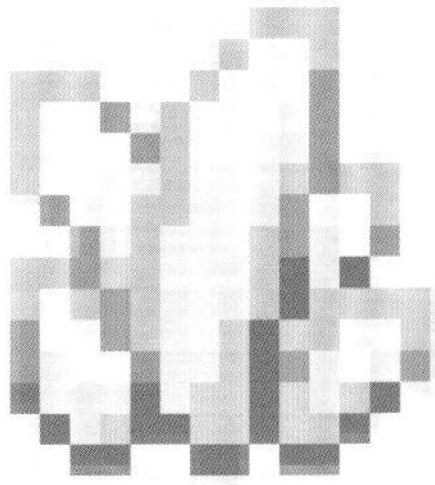

在《我的世界》中，玩家在下界收集的下界石英矿石经过精炼，就会变成白色的石英。除了可以炼成白色的石英块，下界石英还可以用来制造与红石有关的道具。

制作红石道具的原材料

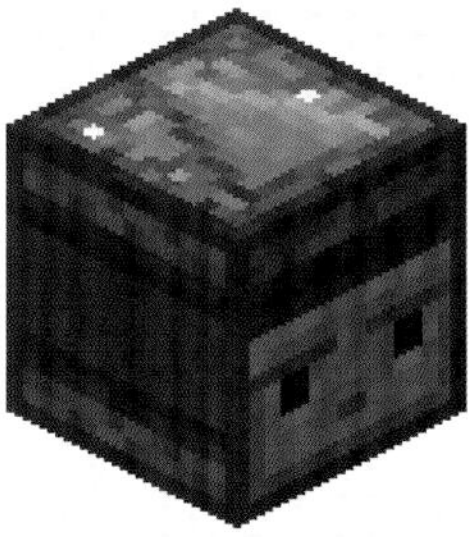

在现实世界中，石英常被用来制作晶体振荡器。而在《我的世界》中，下界石英可以用来制作阳光传感器和观察者等机械类装置。

下界是什么样的

下界是一个暗黑的世界，玩家可以通过黑曜石制成的传送门来到这里。这里到处都是红黑色的洞窟，看不到天空，代替海洋的是流淌的熔岩，总之，下界是一个危险的地方。但是，游戏中的很多材料只能在下界找到，包括下界石英、烈焰棒等制作药水必需的原料，所以玩家们还是希望能去那里一探究竟。

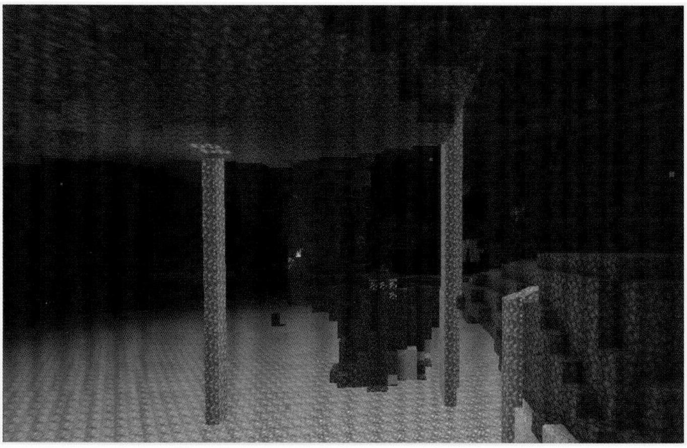

这里简直是像地狱一样的世界，里面游荡的都是穷凶极恶的怪物。

去往下界的方法

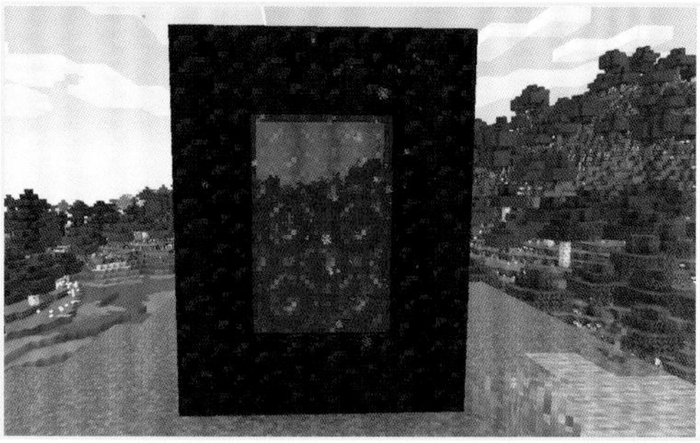

用黑曜石制造一扇 2 × 3 规格的地狱之门，然后点火。门内发出紫光时，说明启动成功。

寻找要塞

初到下界，玩家首先要寻找要塞。在那里可以找到制作药水必需的原材料。

下界也有生物群系吗

下界的诡异森林里长满了令人害怕的植物，它与绯红森林、玄武岩三角洲等都是下界的生物群系。

寻找下界合金碎片

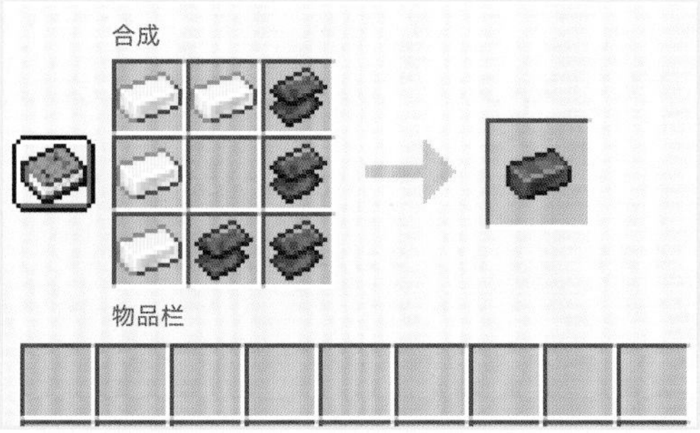

在下界地下深处，埋藏着一种叫作下界合金碎片的方块。将这些方块收集起来进行加工，可以用来制作当下最强的下界合金装备。

花草

许多人可能没想到，在《我的世界》中有很多种花，而且大部分都是现实世界中真实存在的花。如果不相信，不妨去大自然里找一找。无论是在游戏里还是在现实中，都用花朵来装点我们的生活吧！

索引

蒲公英……第 36 页
虞美人……第 37 页
万代兰……第 38 页
大花葱……第 39 页
蓝花耳草……第 40 页
郁金香……第 41 页
滨菊……第 42 页
矢车菊……第 43 页
铃兰……第 44 页
向日葵……第 45 页
紫丁香……第 46 页
玫瑰……第 47 页
牡丹……第 48 页
杜鹃……第 49 页
孢子花……第 50 页
苔……第 51 页

遍地盛开的小小花朵

蒲公英

小贴士

走在路边，我们经常能看到这种黄色的小花。在《我的世界》里，平原等地区也到处都能看到它的身影。

走在原野上，这种花随处可见。把它种在花盆里，拿来装饰房间也非常可爱。在《我的世界》中，向平地上撒骨粉，就有一定概率长出蒲公英。

蒲公英

蒲公英是一种菊科的花，寿命在 2 年以上，属于多年生草本植物。它在沥青的裂缝里都能生根发芽，生命力极其顽强。在现实世界中，蒲公英还有一种蓬松的绒球形态，不过在《我的世界》里它只能开出黄色的花。

基本信息

- 分类：菊科蒲公英属
- 平均高度：4~20 厘米
- 适宜气候：温暖
- 主要分布地：亚洲、欧洲

舌状花的结构

舌状花是菊科花卉中比较常见的形态。这样的花上长着许多细长的像舌头一样的花瓣。除了蒲公英，向日葵也属于舌状花。

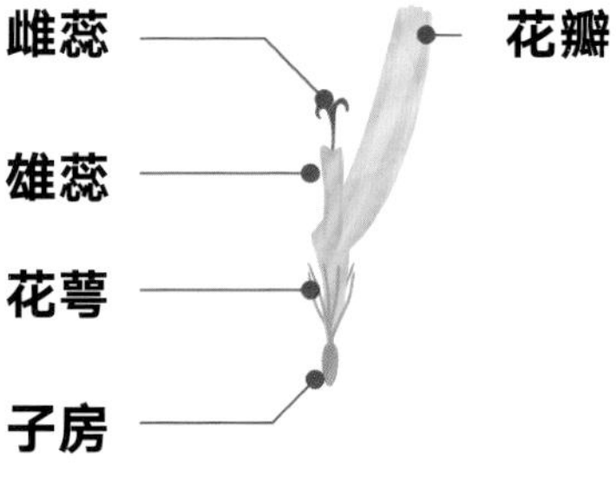

毛连菜

这种花跟蒲公英非常相似。不过，仔细观察的话，你会发现毛连菜的花瓣颜色比蒲公英的浅。

蒲公英的绒毛

蒲公英的花凋谢之后，会长出可爱的绒球。这些绒球会迎风而起，带着种子飞到很远的地方。

猫耳菊

这种花因为酷似蒲公英而闻名。它在日本还被叫作拟蒲公英。

美丽的名字红红的花

虞美人

小贴士

虞美人是罂粟科植物。它的花不只是红色的，还有白色的和紫色的等。

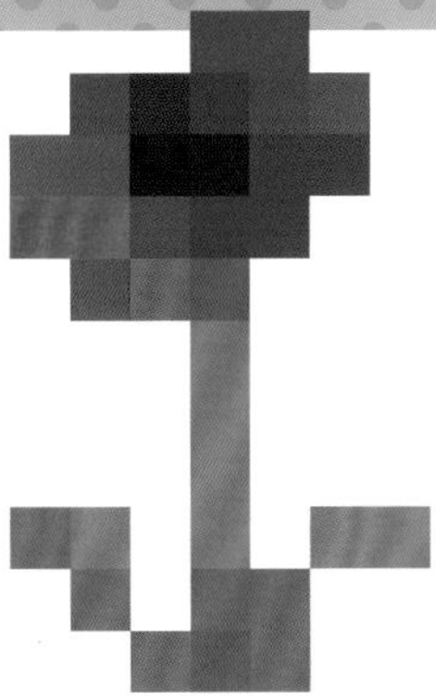

在《我的世界》中，虞美人和蒲公英一样，在平原地带随处可见。它的花红得十分娇艳，最适合种在房子周围。

虞美人

罂粟科的花只能开一年，属于一年生草本植物。虞美人一般在夏季开花，花开后即脱落。

基本信息

- 分类：罂粟科罂粟属
- 平均高度：25~90 厘米
- 适宜气候：温暖
- 主要分布地：欧洲

这是友谊的象征!

铁傀儡和虞美人

在《我的世界》里，铁傀儡专门守护村民的安全。有时，它会给村民送上虞美人，这可能是它表示友好的方式。另外，击败敌人时，铁傀儡也会扔下一朵虞美人。

长荚罂粟

长荚罂粟的花的颜色不是纯正的红色，更接近橙色。它是一种野生的花。

黄花海罂粟

它是二年生草本植物。它的花是黄色的，种子可以入药，不过茎和叶含有有毒成分。

博落回

这种花是多年生的。它的花没有花瓣，由众多雄蕊围绕一棵雌蕊，组成花的形状。茎和叶含有有毒成分。

明快的蓝色

万代兰

小贴士

在《我的世界》里，万代兰是浅蓝色的。实际上，它的颜色非常浓重，一般都是深蓝色的或紫色的。

游戏中的万代兰颜色更接近浅蓝色。跟蒲公英和虞美人这些小花相比，万代兰要高一些。

白及

白及是兰科多年生草本植物。它的生命力极其顽强，在多水或干燥的地方都能生长，跟其他兰花相比，容易种植得多。

洋兰

基本信息

- 分类：兰科万代兰属
- 平均高度：20~60 厘米
- 适宜气候：温暖、湿润
- 主要分布地：东南亚

万代兰主要生长在东南亚地区，喜温暖、湿润的环境。花一般是蓝色的，也有白色和黄色的品种。

种子里没有养分

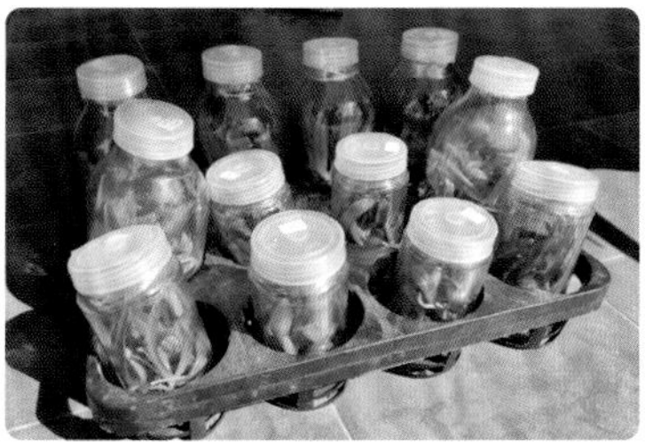

兰科植物的种子非常小，几乎不含任何营养成分。发芽时跟菌类共同生存，菌类可以从它们的种子中获取养分。因此，从种子状态开始培育兰科植物是非常困难的。照片中是正在培育的兰花种子。

在湿地可以采集

万代兰大多生长在温暖、湿润的地方。在《我的世界》中，万代兰一般生长在湿地。如果玩家想采集这种花，应该首先去湿地看一看。

它们喜欢温暖、湿润的地区!

圆滚滚的真可爱

大花葱

小贴士

大花葱的特点是花呈球状。在《我的世界》中，它是紫色的，实际上它有白色、粉色等各种颜色的花。

大花葱

它是石蒜科多年生草本植物，花极具特点，是很多小花聚集在一起组成的花球。

基本信息

- 分类：石蒜科葱属
- 平均高度：30~60 厘米
- 适宜气候：凉爽
- 主要分布地：中亚

在《我的世界》里，大花葱只开在百花齐放的森林中，是极为罕见的一种花。如果见到了，千万不要错过。

大花葱和大葱是近亲

大葱、韭菜和大蒜一样，都属于石蒜科葱属。它们都会开许多小花，组成花球。

苕葱

苕葱也是大花葱的同类，它的白色小花也会组成花球。

韭菜

韭菜可是大家饭桌上的常客。它的花是白色的，有时是近乎白色的浅紫色，也会组成花球。

简简单单的小花

蓝花耳草

小贴士

蓝花耳草的花小巧、精致，一簇簇地开放着。在《我的世界》中，它们都是白色的，不过在现实中，蓝花耳草的花是浅紫色的或浅蓝色的。

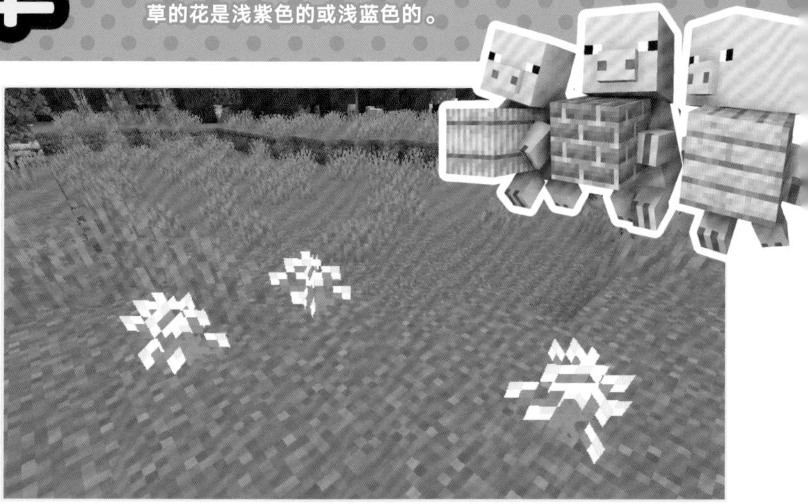

蓝花耳草跟蒲公英一样，多生长在平原地区。它总是一簇簇地生长在一起，很适合用作室内装饰。

蓝花耳草

蓝花耳草属于茜草科，一般在春季开放，是多年生草本植物。它的花很小，但是数量很多。每朵花有四片花瓣。它看上去小巧又柔弱，非常容易培育。

鸡屎藤

茜草科多年生草本植物，是蓝花耳草的同类。它的茎和叶破裂后，会散发出剧烈的恶臭，因此而得名。

基本信息

- 分类：茜草科耳草属
- 平均高度：3~5 厘米
- 适宜气候：温暖
- 主要分布地：北美洲东部

知识 非常适合用作地被植物

地被植物是指株丛密集、低矮，经简单管理即可用于代替草坪覆盖在地表，能吸附尘土、净化空气、减弱噪音、消除污染并具有一定观赏和经济价值的植物。蓝花耳草的小花极具观赏性，非常适合用作地被植物。

五颜六色的花朵

郁金香

小贴士

在很多国家，郁金香都在童谣里被传唱，是人们非常熟悉的一种花。《我的世界》里也有各种颜色的郁金香。

《我的世界》里有红、白、橙、粉四种颜色的郁金香。这几种颜色的郁金香都能在平原等地找到。

郁金香

基本信息

- 分类：百合科郁金香属
- 平均高度：10~70 厘米
- 适宜气候：温暖
- 主要分布地：欧洲

郁金香属于百合科，花的颜色多样，在全世界范围内都深受人们喜爱。其品种超过 5000 种，对毫无经验的养花人来说也很容易种植，这也是它受欢迎的一大原因。

颜色多种多样

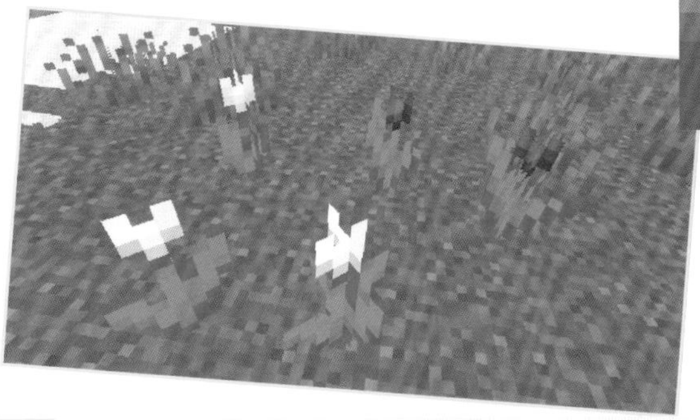

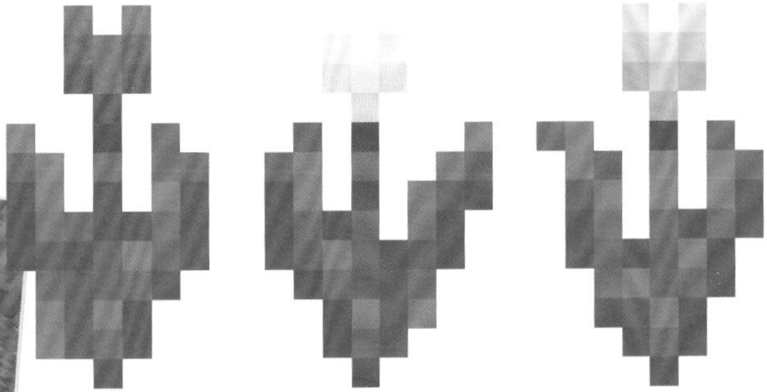

郁金香有很多种颜色，甚至有一片花瓣上混合了红黄两色的品种。

知识 天价郁金香

17 世纪，荷兰的郁金香一度在鲜花交易市场上被人们疯狂追捧，郁金香球茎供不应求，价格飞涨，这一现象叫作“郁金香泡沫”。

纯白的花朵让人心生怜爱

滨菊

小贴士

滨菊的花瓣又细又长。在《我的世界》里，它的花瓣是白色的。

滨菊

滨菊属于菊科，是多年生草本植物。它跟蒲公英一样随处可见，很受欢迎。不过，这种花虽然繁殖能力很强，却不耐高温，很难适应高温、湿润的环境。

基本信息

- 分类：菊科滨菊属
- 平均高度：15~80 厘米
- 适宜气候：温暖
- 主要分布地：欧洲

在《我的世界》中，滨菊跟其他花一样，在平原地带比较常见。玩家可以把它和虞美人、蒲公英一起带回来装点院子。

知识 滨菊和木茼蒿

滨菊和木茼蒿在英文中都被称为“玛格丽特”(marguerite)，因此又名“玛格丽特花”。其实，它们是两个不同的物种。滨菊的花一般是白色的，但木茼蒿也有粉色的和紫色的花。

这种花不讨喜吗

虽然滨菊的花很可爱，但它的繁殖能力太强了，再加上没有一点儿香味，通常会被当作杂草割掉。

像蓝宝石一样鲜艳

矢车菊

! 小贴士

矢车菊最显著的特征就是它那美丽的蓝紫色花朵。

跟蒲公英和虞美人一样，矢车菊也是平原上的“原住民”。小小的花朵成片盛开，用来装点房间简直美不胜收。

矢车菊

矢车菊是一年生草本植物。曾被称为矢车草，但是会跟另一种植物混淆，所以现在统一叫矢车菊。矢车菊原产自欧洲，是德国的国花。

基本信息

- 分类：菊科矢车菊属
- 平均高度：30~70 厘米
- 适宜气候：温暖
- 主要分布地：欧洲

外形很像风车

矢车是日本鲤鱼旗旗杆顶上装饰用的风车。因为矢车菊的花跟这种风车很像，所以被叫作矢车菊。

麦田里的大麻烦

现在，很多矢车菊生长在野外，就像杂草一样。如果它生长在麦田里，会导致麦子的产量大幅下降。从这个角度来说，它是一种让人头疼的植物。

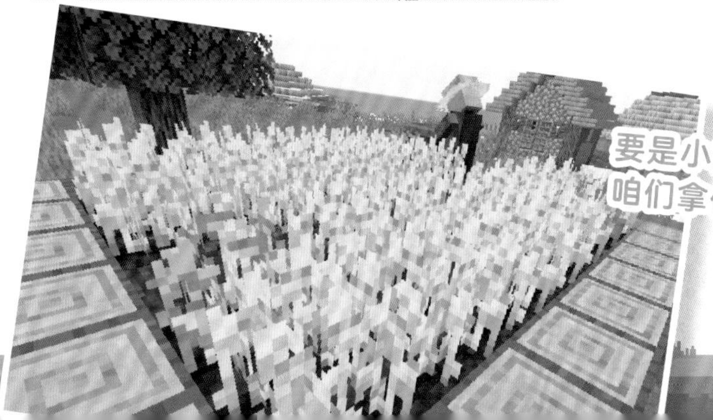

要是小麦收成不好，
咱们拿什么做面包呀？

小小的花朵一串串

铃兰

! 小贴士

铃兰挂着一朵朵向下盛开的小花，花瓣的形状非常有趣，是一种非常受欢迎的花。

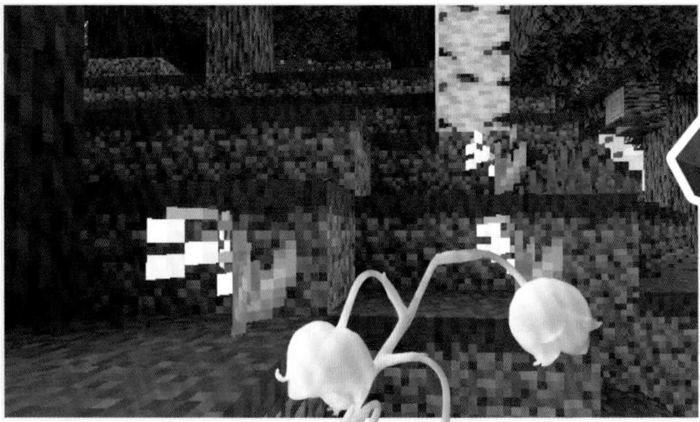

在《我的世界》里，铃兰一般出现在森林或繁花森林。跟其他花相比，铃兰略显珍贵。

德国铃兰

基本信息

- 分类：天门冬科铃兰属
- 平均高度：18~30 厘米
- 适宜气候：温暖
- 主要分布地：亚洲、欧洲

“铃兰”的名字里有个“兰”字，但它不属于兰科，而是天门冬科多年生草本植物。它的花一般是白色的，不过也有粉色和红色的种类。铃兰在北半球温带地区较为常见。

知识 不同种类的铃兰

分布于中国和日本的铃兰外表跟德国铃兰很像，不过德国铃兰的香味很浓，可以用来制作香水，中国和日本的铃兰的香气略逊一筹。

芦笋

大家一般都把芦笋看作食物，其实它的花跟铃兰很像，也十分可爱。

风信子

风信子的花跟铃兰一样，也是小小的花朵聚集在一起，不过风信子的花是长条状的。

元气满满的夏之花

向日葵

! 小贴士

向日葵是夏花的代表。明艳的黄色花朵是它最大的特点，看上一眼就能让人感觉心情明快。

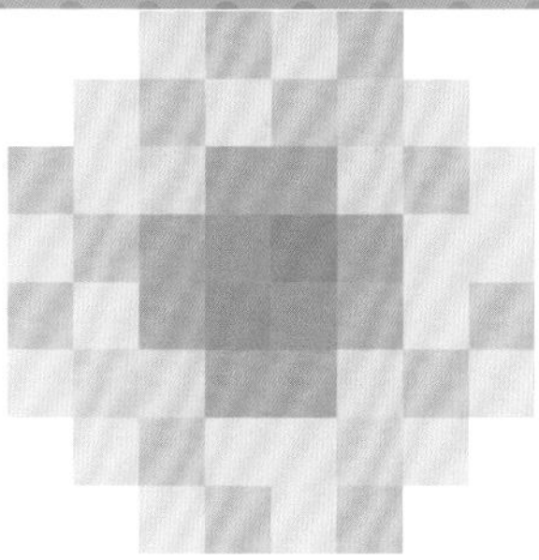

在《我的世界》中，向日葵属于平原生物群系。大片向日葵都朝着同一个方向，画面十分有趣。

向日葵

基本信息

- 分类：菊科向日葵属
- 平均高度：100~300 厘米
- 适宜气候：温暖
- 主要分布地：北美洲

向日葵的名气可大了，它是菊科一年生草本植物。人们对它最深刻的印象一定是它那鲜艳的黄色花朵，不过，其实向日葵还有橙色、红色和白色的品种。它的种子可以食用。向日葵的花香很淡，仔细闻，能闻到一丝若隐若现的甜味。

雄蕊和雌蕊

向日葵花朵褐色的中心部分由大量雄蕊和雌蕊聚集而成。它的黄色花瓣吸引了大部分人的目光，其实褐色的雄蕊和雌蕊才称得上是向日葵花朵的主体。

永远朝着太阳的方向

向日葵喜欢面朝太阳，所以当很多向日葵生长在一起时，就会出现所有花都朝着同一个方向的有趣画面。很多地方会种植大片的向日葵，打造成观光景点。

知识 向日葵盛开的生物群系

在《我的世界》里，只有在向日葵平原生物群系才能看到盛开的向日葵。这种花对辨认方位很有帮助，在游戏里见到了，可以把它带回家哦！

温馨紫色惹人爱

紫丁香

小贴士

紫丁香盛开时，许多紫色小花聚在一起，看上去跟绣球花有点儿相似。

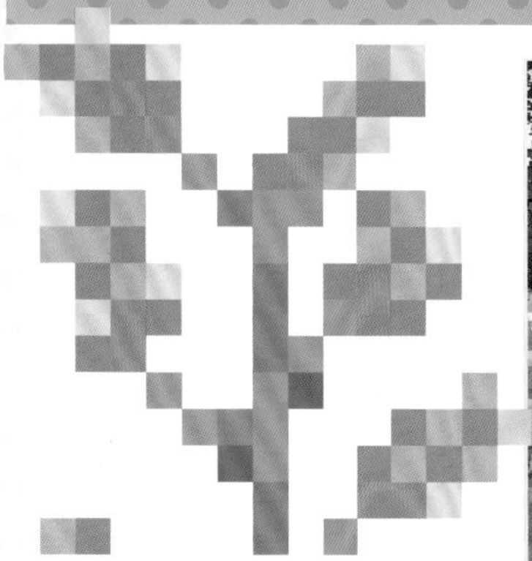

紫丁香原本开在树上，不过在《我的世界》中，它是以秧苗的形式出现的。紫丁香的花的颜色是美丽的浅紫色，可以拿来做染料。

紫丁香

基本信息

- 分类：木樨科丁香属
- 平均高度：150~600 厘米
- 适宜气候：温暖、温润
- 主要分布地：欧洲东南部

紫丁香是木樨科落叶树。它的花的颜色是接近粉色的浅紫色，紫丁香这个名字由此而来。它的香气很浓郁，经常被用来制作香水。

丁香果

花期结束，紫丁香会结像豆荚一样细长的绿色果实。果实成熟后自然开裂，种子就会被播种。

札幌盛放的紫丁香

在日本札幌，有一条街因紫丁香而闻名。札幌市的市树就是紫丁香。每年五月，这里会举行“紫丁香盛典”。

美丽的代名词

玫瑰

小贴士

玫瑰从古至今都是美丽的象征。热烈的红玫瑰让人印象深刻，不过玫瑰还有白色、粉色等颜色的品种。

玫瑰

玫瑰是蔷薇科蔷薇属多种植物和培育花卉的通称名字。大多数时候，玫瑰是用来欣赏的，不过人们也会提取玫瑰花瓣中的成分，用来制作香水和化妆水等。

基本信息

- 分类：蔷薇科蔷薇属
- 平均高度：15~200 厘米
- 适宜气候：温暖、温润
- 主要分布地：亚洲

在现实世界中，玫瑰盛开在灌木或藤蔓上。在《我的世界》里，玫瑰盛开在低矮的灌木上。

玫瑰花瓣的真面目

其实，玫瑰花的花瓣是从雄蕊变化而来的。因此，它的花瓣数量越多，雄蕊的数量就越少。

知识 珍贵的凋零玫瑰

在《我的世界》中有一种黑色的玫瑰，叫作“凋零玫瑰”。凋灵杀死其他生物时，会在原地种植一朵凋零玫瑰。这种条件很难达成，所以凋零玫瑰是一种非常罕见的花。

雍容华贵的鲜花

牡丹

“唯有牡丹真国色，花开时节动京城。”在中国，牡丹被视作国花。

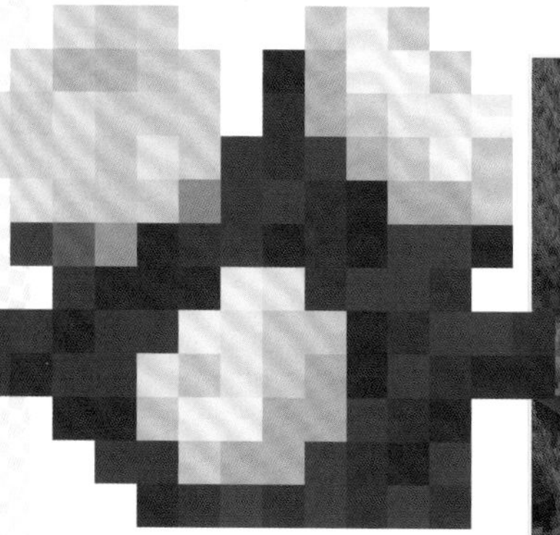

牡丹属于灌木，所以在《我的世界》里，它比其他花高一些。可以用它的花瓣提取粉色的染料。

牡丹像玫瑰一样鲜艳，大片的花瓣层层叠叠，非常有特点。牡丹的颜色很多，红色、紫色、粉色、白色、黄色等应有尽有。从很久以前开始，它在中国就有“万花之王”这个美称，深受众人喜爱。

牡丹

基本信息

- 分类：芍药科芍药属
- 平均高度：100~150 厘米
- 适宜气候：温暖
- 主要分布地：亚洲

牡丹的叶子

牡丹的叶子呈羽毛状，一般是绿色的，也有一些品种的叶子微微泛红。牡丹属于落叶灌木，花期过后，叶子便开始枯萎、凋落。

芍药

芍药是芍药科多年生草本植物，它的花跟牡丹很像，都是很大的一朵。在过去，芍药和牡丹都被用来形容容貌秀美的美人。

草牡丹

这是一种毛茛科多年生草本植物，花瓣又白又圆，样子跟芍药很像。

公园里的“常住民”

杜鹃

小贴士

很多路边的绿化带和公园的花坛里都种着杜鹃。花开时节，大片杜鹃竞相盛开，好不热闹。

《我的世界》中也有杜鹃。因其粉嫩的颜色惹人怜爱，成了玩家非常喜欢的装饰性花卉。

高山杜鹃

高山杜鹃是杜鹃花科半落叶灌木。这种花常见的颜色是红色和紫色，还有一种略带橙色的朱红色。

基本信息

- 分类：杜鹃花科杜鹃花属
- 平均高度：50~300 厘米
- 适宜气候：凉爽
- 主要分布地：亚洲

锦绣杜鹃

这种杜鹃花如其名，颜色美艳明丽，让人移不开眼。相信你一定在路旁或公园里看到过它。

盛开在灌木中的珍贵花朵

跟其他花朵不同，在《我的世界》中，杜鹃大部分以灌木的形态出现，还有树的形态。

皋月杜鹃

皋月杜鹃的花朵较小，颜色没有太多变化，基本都是红色系的。

在公园里总能看到它！

会从上面掉下孢子吗

孢子花

小贴士

《我的世界》中有一种巨大的孢子花，很遗憾，这种花在现实世界中并不存在。一起看看游戏中这种会掉下孢子的植物吧。

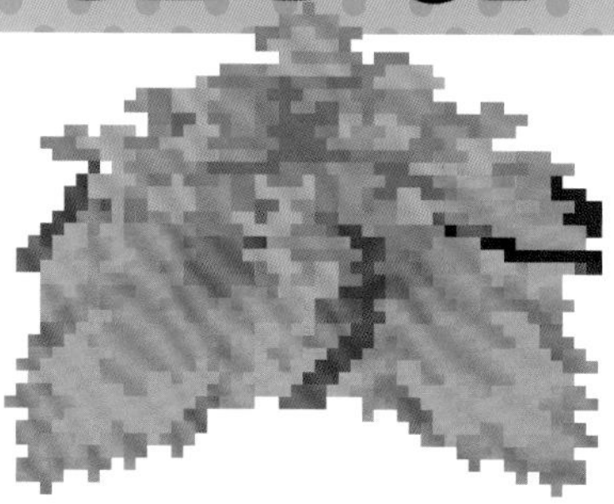

孢子花是一种粉色的大花。顾名思义，这种花可以产生孢子。在游戏中，如果将孢子花放在天花板上，就会有孢子飘落下来。

蕨类植物

基本信息

- 分类：蕨类植物
- 平均高度：多种多样
- 适宜气候：温润
- 主要分布地：世界各地

孢子是蕨类植物、苔藓类、藻类、菌类等的生殖细胞。每一颗都能单独发芽，成长为新的个体。蕨类植物就是靠孢子实现增殖的，它的孢子附着在叶子背后，随风飞到很远的地方，繁衍生息。

没有种子的植物是不会开花的

这类靠孢子繁殖的植物当然不会结出种子，也不会开花。孢子花是《我的世界》里特有的存在。

知识 长在繁茂洞穴里的孢子花

在《我的世界》中，繁茂洞穴是一种长有多种洞穴植物的地下生物群系，其顶部长着会滴落孢子粒子的孢子花及提供照明的洞穴藤蔓。

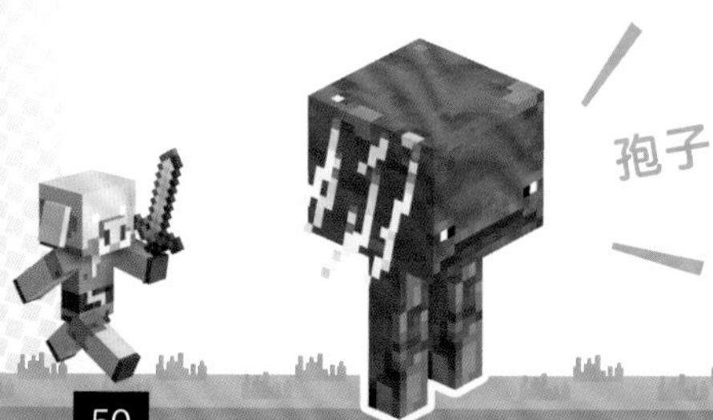

盆栽必不可少的好伙伴

苔

小贴士

苔生长在岩石表面或地面上，是一种非常纤细的植物。虽然不起眼，但他经常出现在中国文人笔下，例如“苔痕上阶绿”。

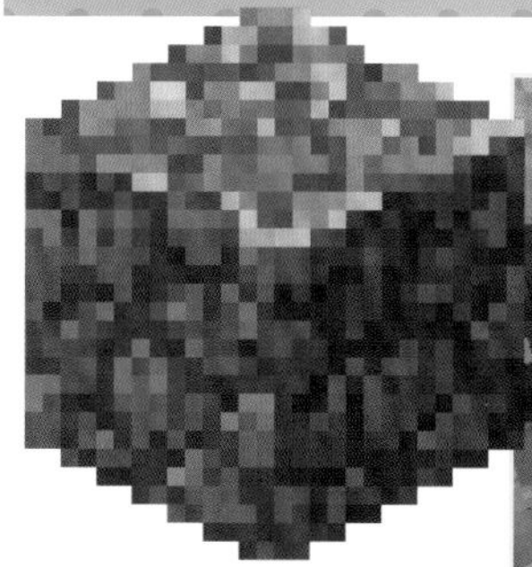

在《我的世界》里，玩家可以在繁茂洞穴采集苔块和裂缝中长满苔的苔石。

苔

基本信息

- 分类：苔类植物
- 平均高度：6~10 厘米
- 适宜气候：温润
- 主要分布地：世界各地

远远看去，苔就像岩石表面和地面长出的细细的绒毛。苔自古就受日本人喜爱，日本各地都有专门供人观赏苔的日式庭院。

苔的增殖方法是什么

苔可以通过雌雄生殖器官进行有性生殖。它不止能制造孢子进行繁殖，还能孕育出一种叫作无性芽的细胞来进行无性繁殖。

知识 球藻和苔的共同点

球藻和苔都没有区分根、茎、叶，而且都属于进行光合作用的植物。它们毛茸茸的外表都深受众人喜爱，具有极高的观赏价值。

百花齐放的繁花森林生物群系

繁花森林，顾名思义就是百花盛开的森林。跟普通的森林生物群系相比，这里的树比较少，但盛开着大量鲜花。如果在这里发现了珍奇花卉，一定要记得带回去种在自己家旁边，机不可失！

各种花卉在这里竞相绽放。粉嫩小巧的大花葱只在这里生长，想要确认这里是不是繁花森林，可以先找找有没有大花葱。

只在这里开放的花

粉色的小圆球大花葱只在繁花森林生长，可以将它和其他的紫色染料混合，制成紫红色染料。

不会在这里开放的花

向日葵只在向日葵平原生长，万代兰只在湿地生长，凋零玫瑰只在特定条件下产生。这三种花在繁花森林中是找不到的。

让花开得更茂盛吧

往地面撒骨粉，就会随机长出这个生物群系里的花。往 2 格高的花上撒骨粉，开出的花会越来越多。

花的使用方法

在《我的世界》中，花主要用来做染料。另外，花色彩缤纷，十分美丽，带回去种在自己家周围也是一道美丽的风景线。如果想摆在家里，就要把花种到花盆里。

农作物

各种蔬菜和水果支撑着人类的生活，它们在现实世界里和《我的世界》中都是必不可少的。让我们把目光投向身边那些常见的农作物吧！接下来会为大家介绍一些食物的烹饪方法和推荐食用方法等，感兴趣的读者一定要睁大眼睛哦！

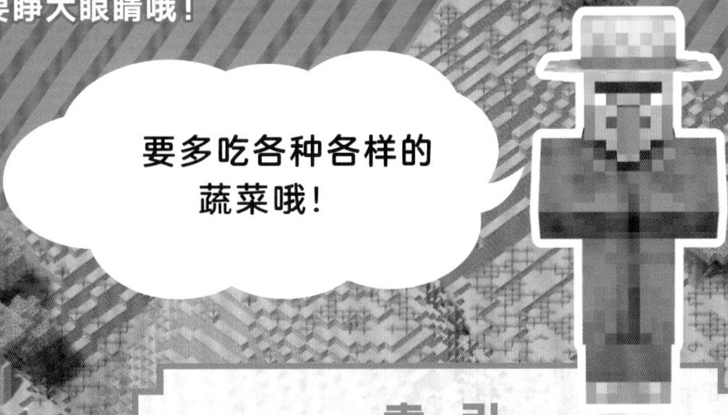

索引

小麦……第 54 页
南瓜……第 55 页
西瓜……第 56 页
土豆……第 57 页
胡萝卜……第 58 页
甜菜……第 59 页
蘑菇……第 60 页
甘蔗……第 61 页
苹果……第 62 页
可可豆……第 63 页

磨成面粉做面包

小麦

小贴士

小麦是面粉的原材料，在《我的世界》里是最常用的食材，可以用来做面包。

小麦

小麦是世界三大谷物之一。将用小麦磨成的面粉揉成面团，可以做出各种各样的食物。在《我的世界》中，面粉不只可以用来做面包和蛋糕，还是家畜的饲料。建议每位玩家都先种小麦。

既可以做食物，也能做饲料，小麦真是用途广泛。得到小麦的种子后，慢慢扩大麦田吧！

基本信息

- 收获期：6~8 月
- 适宜气候：温暖、湿润
- 产地：世界各地
- 营养成分：碳水化合物

小麦的种类

根据颗粒硬度的不同，小麦分为杜兰小麦、硬质小麦、混合小麦、软质小麦等。质地较硬的小麦制成的面粉可以用来做意大利面，质地较软的小麦制成的面粉可以用来做蛋糕，不同的面粉有不同的用途。

小麦是面包的原材料

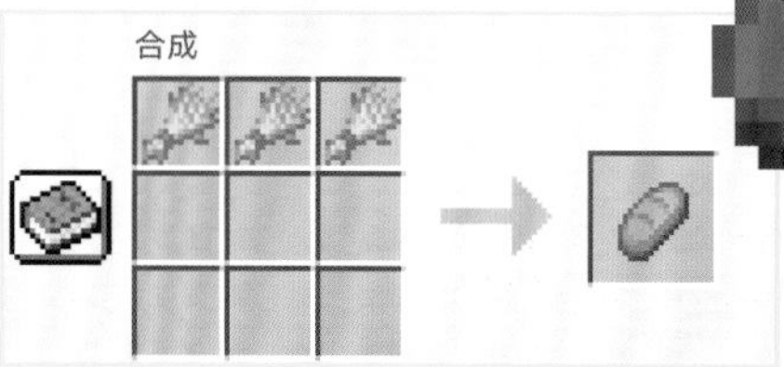

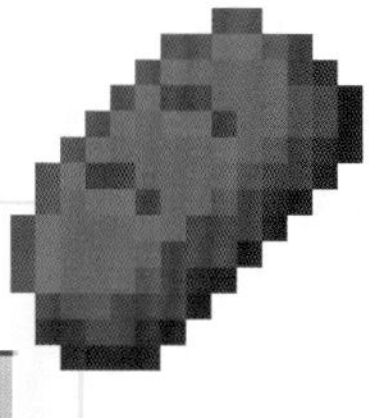

跟现实世界一样，在《我的世界》里，小麦也是面包的原材料。请玩家多种小麦、多做面包哟！

知识　小麦的种子

在《我的世界》中，破坏草地时偶尔会出现小麦种子，不知不觉间就会攒下很多小麦种子。现实中的小麦种子大多是黄褐色的，并不是图中这种绿色的。

享受秋天的味觉盛宴

南瓜

小贴士

在《我的世界》中，南瓜除了可以用来烹饪，也可以用来制作万圣节南瓜灯或南瓜头。

南瓜

南瓜属于葫芦科。在《我的世界》里，南瓜皮是橙色的，不过在现实世界里南瓜皮也有绿色的和白色的。不同品种的南瓜对种植环境的要求不同，有的喜欢干燥的土壤，有的喜欢高温、潮湿的地区。

在《我的世界》里，南瓜成群生长在青草块上。如果想种南瓜，需要将南瓜加工成种子。

基本信息

- 收获期：6~9 月
- 适宜气候：温暖
- 产地：世界各地
- 营养成分：维生素类

品种多变的南瓜

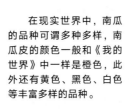

在现实世界中，南瓜的品种可谓多种多样，南瓜皮的颜色一般和《我的世界》中一样是橙色，此外还有黄色、黑色、白色等丰富多样的品种。

传统甜点南瓜派

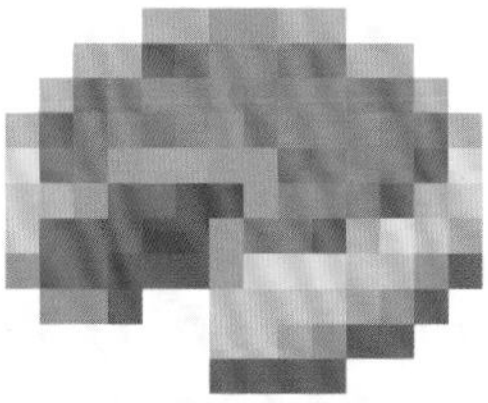

在中国、日本，南瓜一般用来炖或煮，不过在美国，最有名的南瓜料理还要数南瓜派。人们一般会在万圣节、感恩节或圣诞节烹饪这道美食。

知识 南瓜的种子

在现实世界中，南瓜的种子是可以食用的。有时候人们会在点心上放几颗南瓜子作为装饰，或者把它捣碎，放在汤里。

夏季避暑“神器”

西瓜

! 小贴士

西瓜是夏天必不可少的食物之一。它的皮是绿色的，上面长着黑色条纹。

西瓜

西瓜是葫芦科一年生草本植物。西瓜汁多味甜，是深受人们喜爱的水果。在《我的世界》中和现实世界中，都是将西瓜切块食用。

在《我的世界》中，西瓜跟南瓜一样，也生长在草地上。

基本信息

- 收获期：6~9 月
- 适宜气候：温暖、干燥
- 产地：世界各地
- 营养成分：维生素类

知识 闪烁的西瓜片

在《我的世界》中，用西瓜片和八个金粒就可以制成闪烁的西瓜片，它是制作平凡的药水和治疗药水的原材料。治疗药水非常珍贵，所以玩家种西瓜一般不是为了吃，而是为了制作治疗药水。

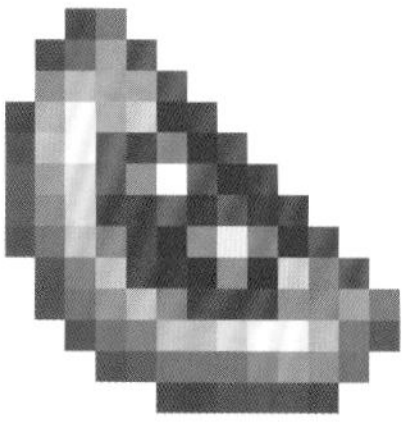

西瓜的种子

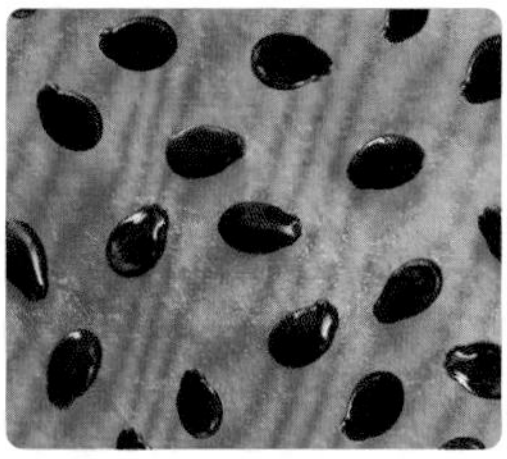

吃西瓜的时候免不了会吃到西瓜子。不过，就算把西瓜子吃到肚子里，对身体也没有伤害，所以完全不用担心。在中国，人们会将西瓜子炒熟，食用里面的仁儿，甚至因此对某些西瓜品种进行了改良。

种植西瓜

西瓜一般在塑料大棚中种植，最佳种植时间是 3 月中下旬。

享受绝佳的口感

土豆

小贴士

土豆既可以长期保存又能果腹，在现实世界中和《我的世界》中，都是大家依赖的食材。

土豆

土豆是茄科多年生草本植物，也叫马铃薯。土豆的地下块茎储存了大量的淀粉，我们吃的就是它的地下块茎部分。

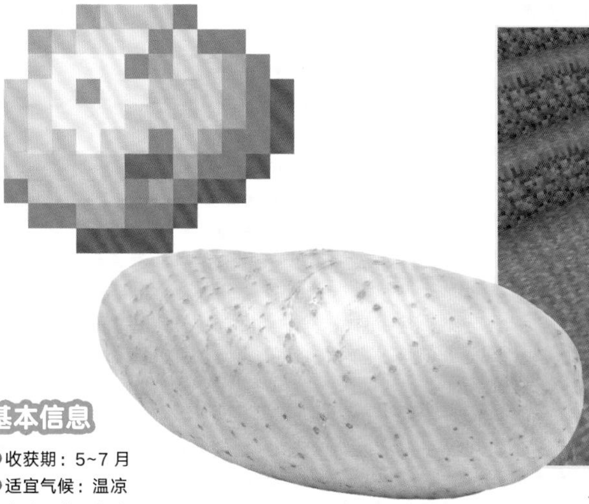

土豆很容易种植，而且适合长期保存，很久之前就是世界范围内流行的食材，有的地区的人甚至把土豆当作主食。

基本信息

- 收获期：5~7 月
- 适宜气候：温凉
- 产地：世界各地
- 营养成分：维生素 C

土豆在土壤中长大

土豆可食用的部分是它的地下块茎。它是在土壤中长大的。

土豆变绿了还能吃吗

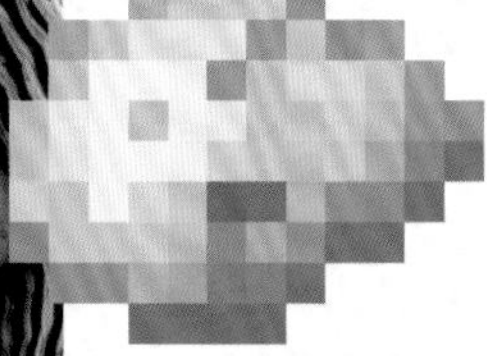

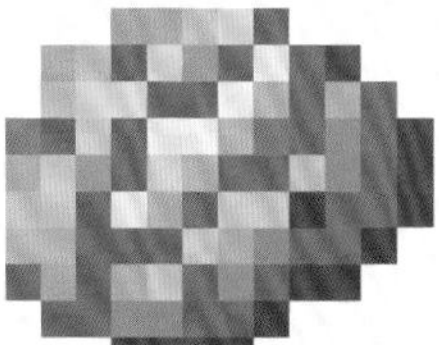

土豆发芽、变绿、溃烂后会产生一种有毒物质。表皮变绿和发芽的土豆中含有大量的有毒物质，食用后可能会引起急性中毒。

制作烤土豆

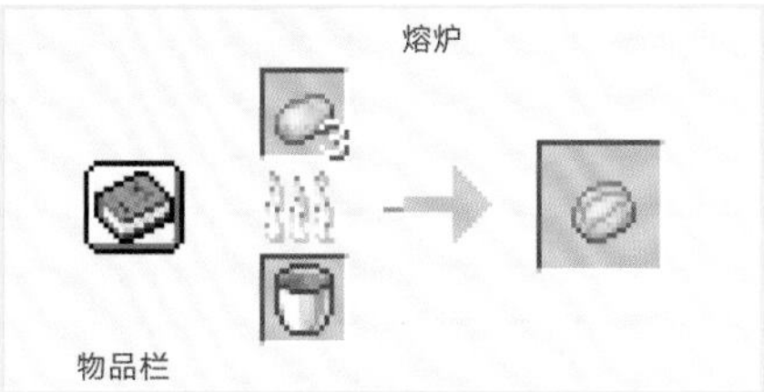

烤土豆在现实世界中也很容易烹制，只要把土豆稍微腌制一下，放到烤箱中即可。要是再放点儿奶酪或黄油，就更美味了。

营养满满，大吃特吃

胡萝卜

小贴士

胡萝卜的颜色是鲜艳的橙色。胡萝卜富含多种营养元素，在《我的世界》中，它是动物的饲料。

胡萝卜

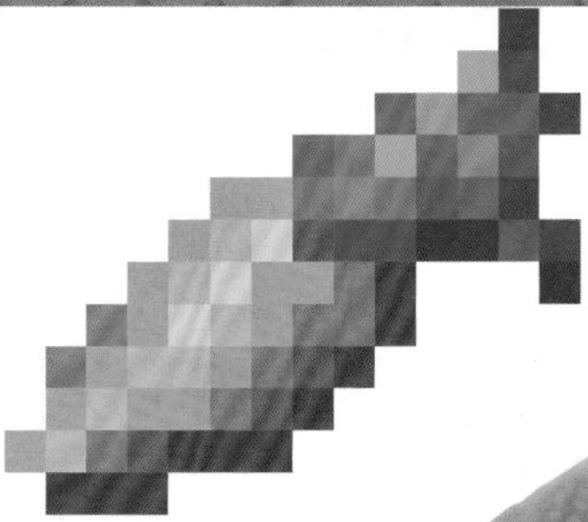

胡萝卜是伞形科一年生或二年生草本植物，是一种常见的蔬菜，我们吃的是它的根部。胡萝卜富含胡萝卜素、维生素等多种营养元素。

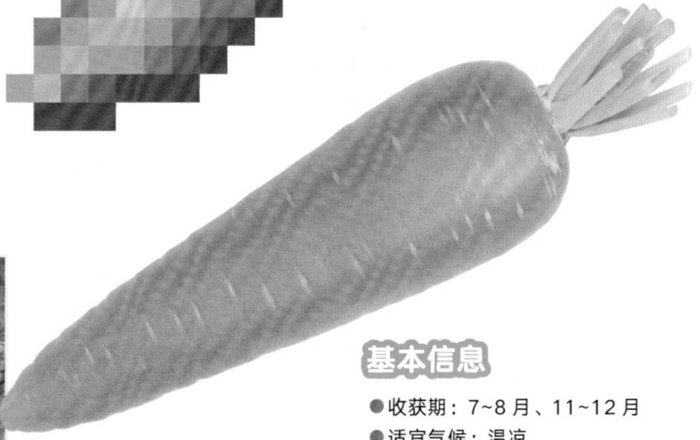

基本信息

- 收获期：7~8 月、11~12 月
- 适宜气候：温凉
- 产地：世界各地
- 营养成分：胡萝卜素等

胡萝卜营养如此丰富，没想到在《我的世界》里，玩家并不吃胡萝卜。

知识 胡萝卜的种子

在《我的世界》里，玩家直接把胡萝卜埋在土里进行种植，但在现实世界中，胡萝卜是有种子的。我们食用的是它的根部，这个部分当然不是种子，它的种子藏在花开后结出的果实里。胡萝卜的种子是褐色的小颗粒。

胡萝卜的栽培

胡萝卜每年可以播种两次，一般都在春天和夏天播种。播种后大概四个月左右就可以收获了，也就是说如果在春天播种，就在夏天收获；若是在夏天播种就在冬天前后收获。

制作金胡萝卜

用一根胡萝卜和八个金粒可以合成一个金胡萝卜。当玩家去海底神殿等深海区域探索时，一定少不了金胡萝卜，因为它是制作夜视药水的原材料。为了制作夜视药水，大家一定要确保自己备有充足的胡萝卜。

鲜红的颜色绝不会让人认错

甜菜

小贴士

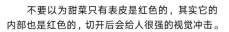

甜菜也叫甜菜根，它富含糖分。

甜菜

甜菜属于藜科二年生草本植物，很多国家的人都会食用它。它是红色的，富含铁元素。红菜汤里没有它是不行的，除此之外，甜菜还可以生吃。

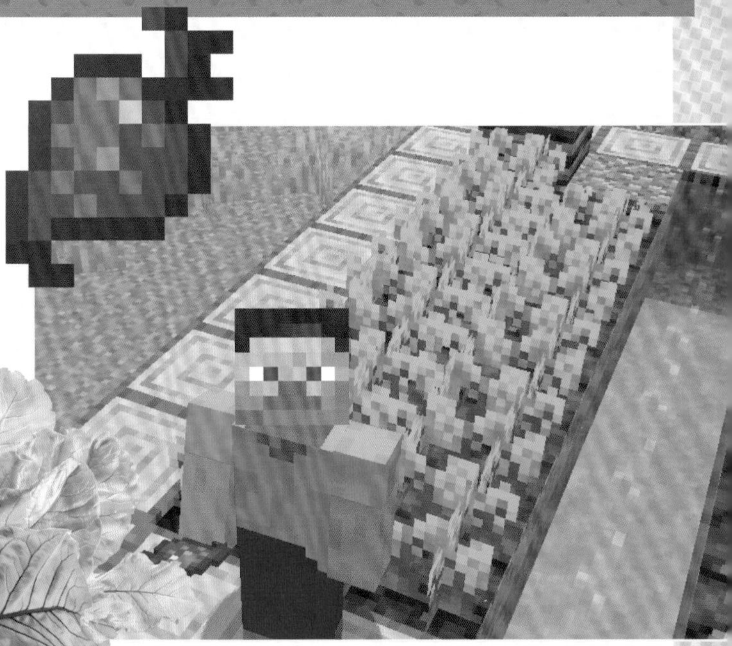

基本信息

- 收获期：6 月、12 月左右
- 适宜气候：温凉
- 产地：世界各地
- 营养成分：铁等

不要以为甜菜只有表皮是红色的，其实它的内部也是红色的，切开后会给人很强的视觉冲击。

知识 甜菜的种子

在《我的世界》里，甜菜不能直接种植，而是需要播种。它有四个成长阶段。

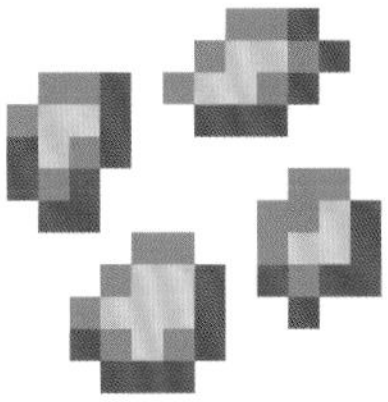

甜菜汤

甜菜含有丰富的铁。它的食用方法多种多样，其中最有名的要数红菜汤。《我的世界》里有一道甜菜汤，应该就是从红菜汤演变而来的。

去森林中找找看

蘑菇

小贴士

在《我的世界》里，蘑菇会自然地在森林里长出来。在现实世界中，蘑菇是秋季盛产的美味食物。

蘑菇

蘑菇是菌类可以产生孢子的部分，这个部分被称作子实体。拿植物来类比，就是能够产生种子的花朵部分。在自然界中，蘑菇大多生于动植物的残骸上；在人工种植的情况下，一般生长在原木上或人工培养基上。

在《我的世界》中，蘑菇星星点点地散布在森林中。还有一些特殊的生物群系会长出巨大的蘑菇。

基本信息

- 收获期：10~11 月
- 适宜气候：湿润
- 产地：世界各地
- 营养成分：膳食纤维

香菇

香菇是食用菌中最普通的一种。可煮可炒可入汤，做法多种多样，用来做传统菜肴或西餐都很适合。

蘑菇的栽培

不同种类的蘑菇的栽培方法大致可以分为以下四种：原木栽培、菌床栽培、堆肥栽培和林地栽培。不过，像松茸和松露等少部分蘑菇还没有实现人工栽培，这些高级食材非常稀有。

松茸

松茸是一种高级食材，数量稀少，2020 年被列为濒危物种。人工栽培很难成功，它的生存处境不容乐观。

制作迷之炖菜

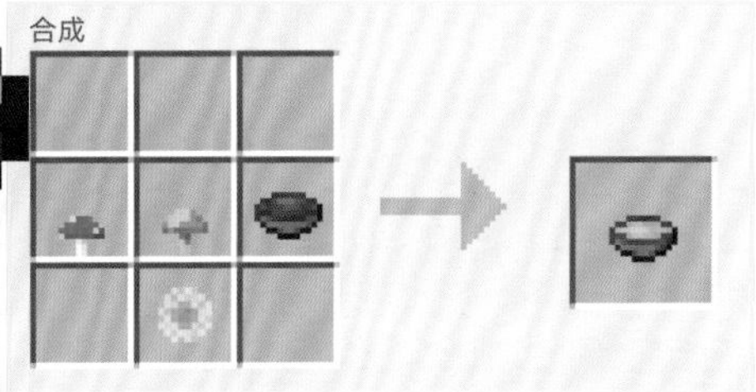

蘑菇一般不能生吃，在《我的世界》里也是如此，生吃蘑菇是绝对不行的。如果想食用蘑菇，可以用红蘑菇、棕蘑菇、碗和任意一种花合成迷之炖菜。

甜甜的白砂糖的原料

甘蔗

小贴士

甘蔗可以用来制作白砂糖。另外，甘蔗还可以用来造纸。

甘蔗

甘蔗是一种在热带和亚热带地区广泛种植的植物。巴西、印度是全球主要的甘蔗产地。

在《我的世界》里，甘蔗一般长在水边。把它种在那里就不用管，它会自己长高 3 格。

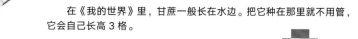

基本信息

- 收获期：5~7 月
- 适宜气候：温暖
- 主要产地：巴西、印度
- 营养成分：矿物质类

赤砂糖不是白色的

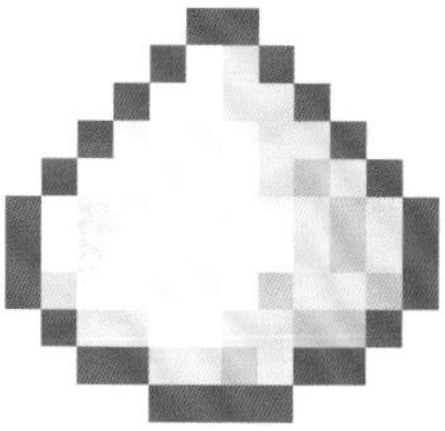

赤砂糖颗粒较大，呈自然的红褐色，带浓甜的焦苦味。

巴西的甘蔗栽培

巴西是世界上最大的白砂糖生产国，国内种植了大片甘蔗。甘蔗不仅可以用来制作白砂糖，还可以用来制作酒精。

蛋糕的原材料

在《我的世界》中，甘蔗是制作蛋糕的原材料。不过，除了在制作蛋糕和南瓜派时派上用场，甘蔗一般是用来造纸的。

又红又甜

苹果

苹果可以说是水果界的代表。《我的世界》里也有这种美味的水果。

苹果

苹果属于蔷薇科落叶乔木。它自古就是在世界各地广受欢迎的水果，既可以直接吃，也可以做成点心、果酱、果汁、酒类等，食用方式多种多样。

在《我的世界》里，砍伐橡树的时候有可能掉下苹果，捡起来就可以吃，是一种非常方便的食物。

基本信息

- 收获期：8~11 月
- 适宜气候：温凉
- 产地：世界各地
- 营养：维生素 C 等

苹果花

苹果树开的花很像樱花，颜色是浅浅的粉红色。说起苹果，大家想到的都是它的果实，殊不知它的花也分外可爱。每年 5 月左右是苹果树的花季。

苹果树

在《我的世界》里，苹果会从橡树上掉下来。然而在现实世界里，是有真正的苹果树的。

制作金苹果

用一个苹果和八颗金粒可以制作金苹果。食用金苹果，可以恢复生命值、吸收伤害。另外，如果有村民变成了僵尸，对其使用虚弱药水和金苹果，能使其缓慢地变回正常村民。

巧克力的原料

可可豆

小贴士

可可豆是可可树结的果实，是制作巧克力和可可饮料的原料。

可可

可可是梧桐科常绿乔木。可可树结的果实就是大家口中的可可豆。科特迪瓦的可可豆产量位居世界第一。可可比较适宜温暖、湿润的气候。

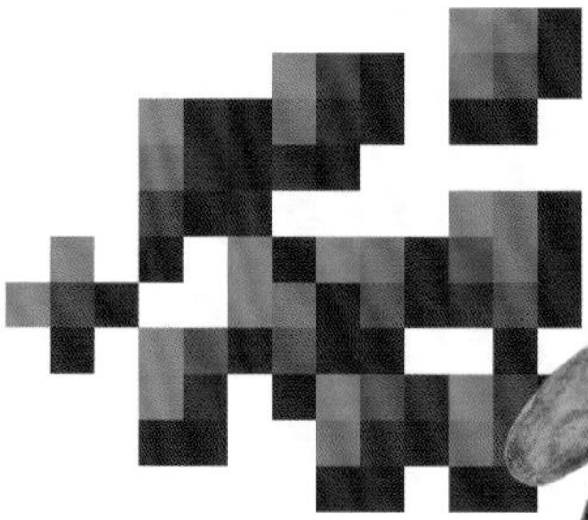

基本信息

- 收获期：5 月、10 月左右
- 适宜气候：温暖、湿润
- 主要产地：科特迪瓦、加纳
- 营养：蛋白质等

培育可可需要温暖、湿润的环境。在《我的世界》中，只有在热带雨林里才能采到可可豆。

巧克力的原材料

将可可豆焙炒后磨碎，就能得到可可块。将可可块脱脂处理后进一步粉碎，就成了可可粉。再加入牛奶和白砂糖，就做成了巧克力。

知识　可可果

其实，可可果也可以食用，不过吃起来有些苦。

制作饼干

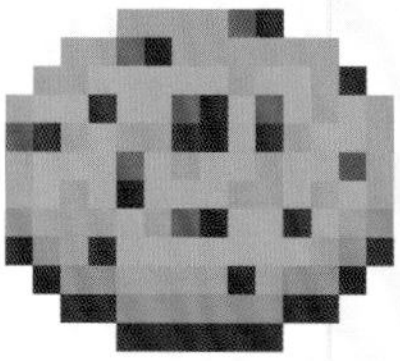

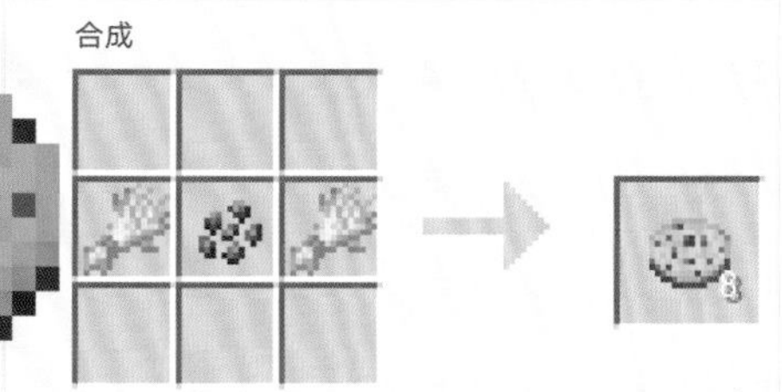

在《我的世界》里，不能用可可豆做巧克力，只能用可可豆和两份小麦一起做饼干。不过，用这种饼干喂鹦鹉的话，鹦鹉会莫名死去，所以千万不要给它们吃。

现实中不存在的神秘植物——地狱疣

在《我的世界》中，地狱疣生长在下界要塞中，看上去并没有什么特别之处。它在现实中并不存在，有人把它翻译成黑暗蘑菇，由此推断地狱疣可能是一种菌类。它的外表是红色的，仔细看还真有点儿像蘑菇。地狱疣只生长在灵魂沙上。

如果能从下界带回这种蘑菇形的地狱疣，就可以用它来制作各种药水。

生长在下界要塞

地狱疣可能就生长在下界的某块田地里，找到要塞后，一定要先去找找看。

下界以外的地方也可以种植

只要种在灵魂沙上，不管光照和水分条件如何，地狱疣都能长大。它是制造药水不可或缺的材料，建议玩家多多种植。

制造药水少不了它

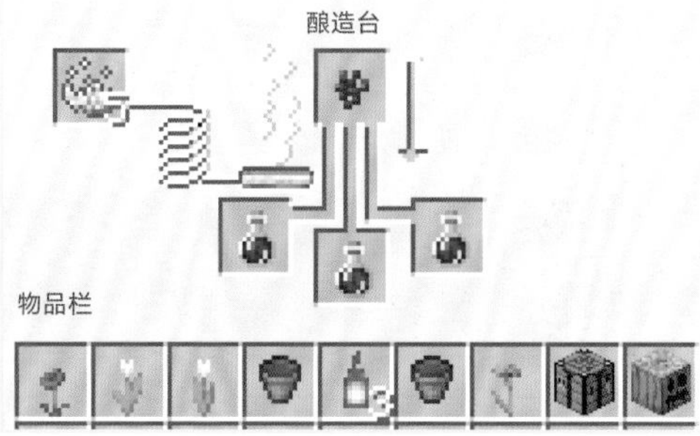

想制作粗制的药水，必须用到地狱疣，而粗制的药水是制作许多药水要用的基础材料。往粗制的药水中加入不同的材料，能得到具有不同特殊效果的药水。

不可食用

目前，地狱疣只有一种使用方法，就是制作药水。很遗憾，这种生自下界的珍贵植物并不能食用。

原木和木材

世界上树木的种类几乎数也数不清。《我的世界》对一些常见的树木进行了介绍，它们的生长环境、适宜气候、外表、用途等大多与现实世界相似，很容易记住。

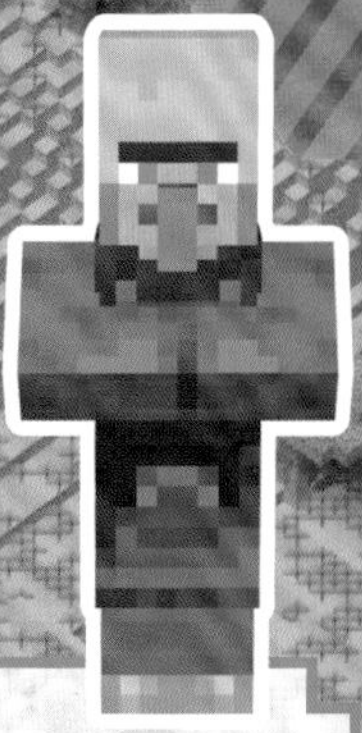

索 引

橡树……第 66 页

桦树……第 67 页

黑橡树……第 68 页

金合欢树……第 69 页

丛林树……第 70 页

云杉……第 71 页

竹子……第 72 页

生长在下界的树木……第 73 页

会不会有橡子掉下来呢

橡树

小贴士

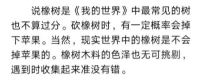

橡树是《我的世界》中最常见的树木。在现实中，橡树在世界的各个角落都有分布。

橡树

橡树是壳斗科常绿乔木，它的生长范围极广，在海拔4000米的高原亦可生存。

说橡树是《我的世界》中最常见的树也不算过分。砍橡树时，有一定概率会掉下苹果。当然，现实世界中的橡树是不会掉苹果的。橡树木料的色泽也无可挑剔，遇到时收集起来准没有错。

基本信息

- 分类：壳斗科栎属
- 平均高度：15~20米
- 适宜气候：温暖、潮湿
- 主要分布地：世界各地

知识 橡树的用途

橡树不只在《我的世界》中十分常见，在现实生活中也是一种常用的木材。其温润、质朴的色泽受到所有人的青睐，最适合用来做成餐桌或椅子等家具。

橡树的树苗

在《我的世界》中，破坏橡树的树叶可以得到树苗。将树苗种到地上，就能长成一棵大树。

漂亮的白底上点缀着花纹

桦树

小贴士

桦树的特征是树干上的黑白花纹。它的横切面跟其他树木相比，色泽更加明艳。

桦树

桦树是桦木属植物的通称。在《我的世界》中，桦树的树皮看上去格外白，这种树是白桦，是桦树的一种。其质地坚硬，纹理美观、别致，因此被广泛应用于制作家具及室内装饰。另外，桦树的汁液还可以用于制作化妆品。

日本长野县的白桦湖

白桦湖是一个蓄水池，属于人工湖，因湖边生长着许多白桦树而得名。白桦湖景色优美，已经成为著名的观光景点。

在《我的世界》中，有只由桦树组成的森林生物群系。还有一些桦树生长在平原等地区，收集起来比较简单。

基本信息

- 分类：桦木科桦木属
- 平均高度：20~25 米
- 适宜气候：温凉
- 主要分布地：北半球

知识 长野县是著名的白桦树产地

以白桦湖闻名的长野县的县树是白桦。以白桦木制成的工艺品是长野县的特产，比较有代表性的是当地特制的圆头圆身小木偶。

白桦木制成的家具

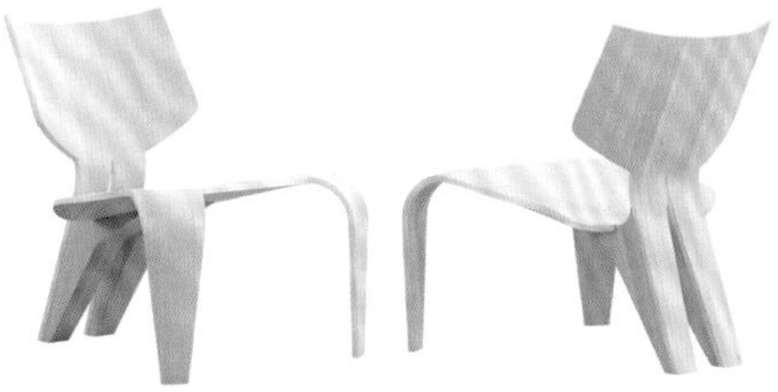

白桦木的纹理跟其他树相比，更洁白、明丽，在《我的世界》中也是如此。这种木材在芬兰特别受欢迎，用白桦木制成的家具造型美观、时尚，极具北欧风情。

深沉的暗色调

黑橡树

! 小贴士

黑橡树指的是长着黑色树皮的橡树。它上面的木纹也是深沉的暗色调。

青冈栎

《我的世界》里的黑橡树应该是以现实中的青冈栎为原型的。它属于壳斗科常绿乔木，经常可以在公园和学校等地见到它们的身影。

在《我的世界》中，黑橡树的特征是很高、树干很粗，砍倒一棵就能得到很多木材。不过，因为它的树干很粗，想把它砍倒，可要费一番功夫。

基本信息

- 分类：壳斗科栎属
- 平均高度：15~20 米
- 适宜气候：温暖
- 主要分布地：亚洲

知识 青冈栎的用途

青冈栎的纹理略显粗犷，因此不常用来做家具。不过，它是一种很常见的绿化树木，在学校、公园或自家院子里都可以种。还有很多人用它做建筑材料或篱笆，它还常被做成农具、工具等的手柄。

用黑檀木制成的高价吉他

在现实生活中，人们在选择暗色木纹时一般更青睐黑檀木，而不是黑橡木。在《我的世界》中，黑橡木的木纹很接近黑檀木。一些比较昂贵的吉他或小提琴也会用黑檀木做指板。

橙色的木纹让人印象深刻

金合欢树

小贴士

这种树木一般分布在热带到温带区域。在《我的世界》中，玩家可以在热带稀树草原生物群系看到它的身影。

金合欢树

它在北美洲的阿帕拉契亚地区、澳大利亚和非洲有较多分布。由于金合欢树会把根深深地扎进地底深处，因此在降雨稀少的地方也能存活。金合欢花是黄色的。

在游戏中，金合欢树只存在于热带稀树草原生物群系。它的木材的颜色是非常独特的红色，见到它的玩家一定不要错过。它的树苗在热带稀树草原之外的地域也能栽种。

论身处多么贫瘠的环境，
都能顽强生长！

基本信息

- 分类：豆科金合欢属
- 平均高度：5~10 米
- 适宜气候：温暖
- 主要分布地：澳大利亚、非洲

知识 金合欢树的用途

金合欢树生长速度较快，是一种比较常用的木材。它不易腐烂、质地坚硬，用途相当广泛，既可以做成各种家具，也可以用来做地板。

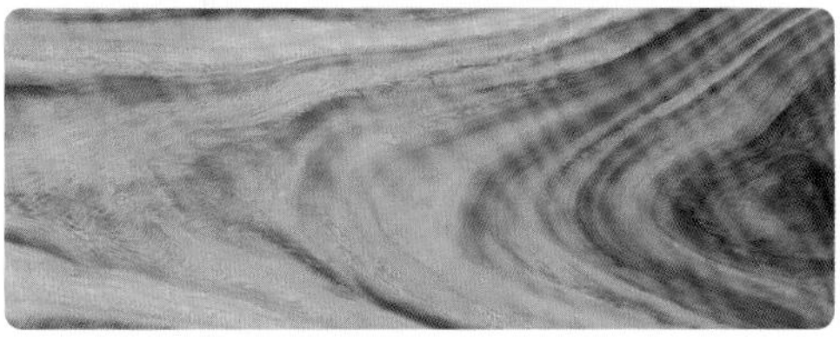

金合欢与刺槐

有些人将金合欢树和刺槐混为一谈。实际上，刺槐属于豆科刺槐属，和金合欢树完全是两个物种。

金合欢蜂蜜

金合欢蜂蜜其实来自刺槐花，并不是从金合欢花上采集而来的。

郁郁葱葱、生机盎然

丛林树

小贴士

丛林树是《我的世界》中生长在热带雨林生物群系的树木。其特点是非常高，而且会结可可豆。

榴梿

榴梿属于木棉科。说起榴梿，最有名的还要数它那浑身上下长满尖刺的大果实，被称为“水果之王”。它的原产地是马来西亚。现实中的榴梿树跟《我的世界》中一样，非常高，几乎能达到 30 米。

在《我的世界》里，所有的丛林树都会结可可豆，而不是榴梿等果实。而且，丛林树一般都非常高，如果不小心踏入它们中间，很有可能会迷失方向。这里除了丛林树木，还生长着竹子。

基本信息

- 分类：木棉科榴梿属
- 平均高度：20~30 米
- 适宜气候：温暖、湿润
- 主要分布地：马来西亚

孟加拉榕树

孟加拉榕树属于桑科常绿乔木，生长在热带和亚热带地区。这种树通常很高，据说最高可以长到 30 多米。粗壮的树枝上会垂下一簇簇胡须似的气根，气根接触到土壤，便开始汲取土壤中的养分，长得十分粗壮，形成“独木成林”的奇观。

知识 臭臭的水果

榴梿因臭味而闻名。它的气味非常浓烈，臭味里混杂着奇异的果香，甚至有新闻报道过榴梿的异臭在人群中引起了骚动。不过，喜欢吃榴梿的人觉得它的味道浓厚、甜美，也有人认为吃起来很像蛋奶沙司。实际上，榴梿十分有营养，享有“水果之王”的美誉。

在各种景观中都是一道美丽的风景线

云杉

小贴士

云杉树是一种常见的树，以北半球为中心分布。

松树

松树是松科松属植物的总称。在《我的世界》中，松树高大挺拔，顶部像尖角。松树的分布范围以北半球为主，从北极圈到赤道附近都有广泛分布。松树种类很多，有赤松、黑松、五针松等。

在《我的世界》中，降雪的地区常常分布着大片松树林。松木的颜色比普通橡木深，比黑橡木浅，是室内装饰绝佳的选择。

知识 松树的用途

自古以来，许多木结构建筑便离不开松树。除此之外，松树还有十分广泛的用途，例如作为绿化树木或防护林。

基本信息

- 分类：松科松属
- 平均高度：15~45 米
- 适宜气候：温凉
- 主要分布地：北半球

坚韧的树

松树在东亚地区被认为是有气节的坚韧之树。日本如今还有新年装饰门松的风俗。在中国，有“岁寒，然后知松柏之后凋也”的说法，用以比喻耐得住困苦的坚韧之心。

竹子节节高

竹子

小贴士

竹子的特征是细长的茎密集地生长。竹子的分布十分广泛。

竹子

在禾本科竹亚科植物当中，有些种类的茎是木质化的，这些植物被称为竹子。它们长长的绿色部分不是树干，而是茎。在《我的世界》中，竹子只生长在热带雨林生物群系，不过在现实世界中，竹子分布极为广泛。

左图中是游戏里生长在热带雨林中的竹子。除了是熊猫的美餐，它还是非常方便的脚手架材料。玩家一定要带一些回去，种在自己家附近。

基本信息

- 分类：禾本科竹亚科
- 平均高度：10~20 米
- 适宜气候：温暖、湿润
- 主要分布地：亚洲

竹子是从哪儿长出来的

竹笋就是竹子的幼苗。在大家的印象中，竹笋主要是一种食材，如果不把它挖出来，它就会长成竹子。有个成语叫作“雨后春笋”，原意指春天下大雨后生长出来的大量竹笋。竹笋数量极多，有时甚至会扰乱山上树木的平衡。

知识 竹子的用途

东亚地区的人自古以来就用竹子制作许多生活用品，例如竹筐、竹扇、竹筷等。另外，还可以将竹子排在一起，做成竹篱。

现实中并不存在的神奇树木

生长在下界的树木

小贴士

笼罩在火焰与黑暗中的下界世界里，也有一些生长在不同生物群系中的植物。它们一般长得很吓人，很有下界的特色。

绯红森林真菌树

绯红森林真菌树是一种红色的树，树干和叶子都有毒，只生长在下界的绯红森林生物群系中。绯红森林真菌树在现实世界中当然不存在。它内部的木纹也是红色的，加工后可以得到色泽独一无二的木料。

绯红森林真菌树生长在下界的绯红森林。整片森林一片血红，看上去非常恐怖。猪灵和疣猪兽常常在这里出没。

扭曲之树生长的地带

下界还生长着一种树，叫作扭曲之树。这种青绿色的树集中生长在诡异森林生物群系，在猩红、阴暗的下界世界是一片异样的风景。

知识　两种树的用途

对以上这两种树进行加工，可以得到青绿色的和紫红色的木材。这些木材可以用来制作楼梯或半方块。如果用在自己家的屋顶，你会得到一座与众不同的漂亮的房子。

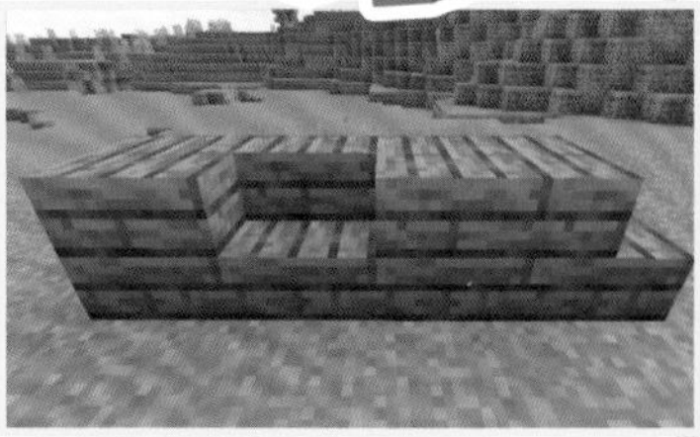

绯红森林真菌树和扭曲之树的树苗

这两种树都不是从树苗状态逐渐长大的，而是由菌类发育而来的。它们在主世界中也能存活，不过必须要种在各自生物群系的菌岩上。

生长在末地的紫颂树

不仅下界有植物生存，末地也有。打倒末影龙之后，玩家可以前往末地外岛，那里生长着许多细长的紫色植物，就是紫颂树。紫颂树上开着紫颂花，破坏紫颂树，可能会掉下紫颂果。

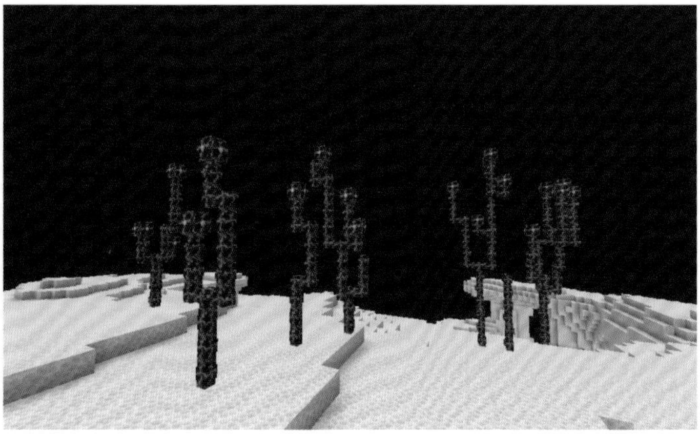

在现实世界中，紫颂树自然不存在。但在游戏中，它的数量很多。它在主世界中也可以种植，玩家可以将紫颂花带回去进行种植。

采集紫颂花

紫颂树顶端开着紫颂花。如果破坏紫颂树，就摘不到花了，因此要先爬到树顶采花。

种植紫颂树

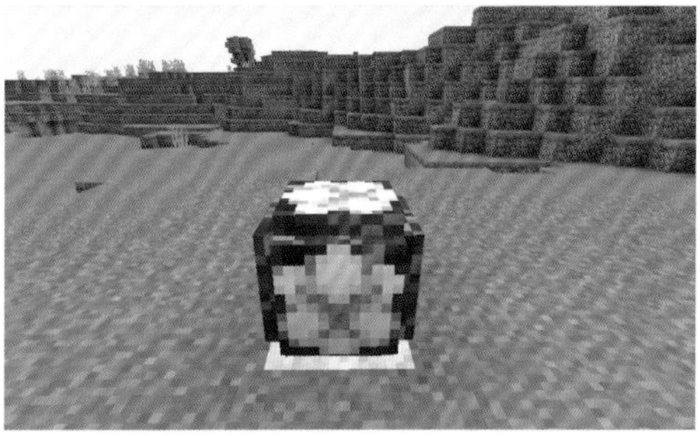

将紫颂花种在末地石上，就能成功种植紫颂树。如果想种植紫颂树，就请将紫颂花和末地石带回去。

紫颂果

破坏紫颂树，有可能得到紫颂果。食用紫颂果能回复饥饿值和饱和度，并且会被传送到随机地点。

爆裂紫颂果

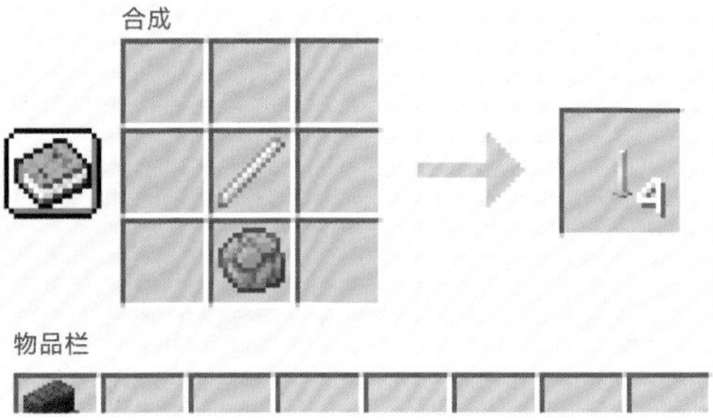

将紫颂果放进熔炉里烧炼，可以得到爆裂紫颂果。四个爆裂紫颂果可以合成紫珀块。另外，还可以用爆裂紫颂果和烈焰棒合成末地烛。

陆地上的动物

动物既可以做食材，也可以做原材料，有些还可以入药，它们以多种形式支撑着人们的生活。一起看看这些可靠的动物在现实生活中是什么样子吧！

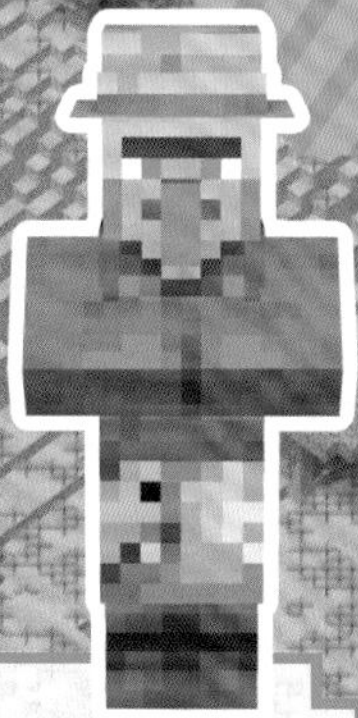

每种动物能细分成更多的种类。

索引

牛……………………………第 76 页
羊……………………………第 77 页
猪……………………………第 78 页
马……………………………第 79 页
猫……………………………第 80 页
狼……………………………第 81 页
熊猫…………………………第 82 页
北极熊………………………第 83 页
鸡……………………………第 84 页
鹦鹉和蝙蝠…………………第 85 页

来块牛排尝尝吧

牛

小贴士

在游戏中，将牛打败不仅会掉牛肉，还会掉皮革。牛的用途很多，玩家一定要好好把握。

牛

牛是全世界的人们广泛饲养的家畜。除了产肉，它还可以产奶，是人类生存必不可少的家畜。在《我的世界》中，皮革是一种不可或缺的材料，在现实生活中，牛皮的用途也十分广泛。

在《我的世界》里，牛是不分公母的，从每头牛身上都能得到牛奶。所以，玩家看到牛之后，可以用小麦吸引牛，把它们带回去养殖。

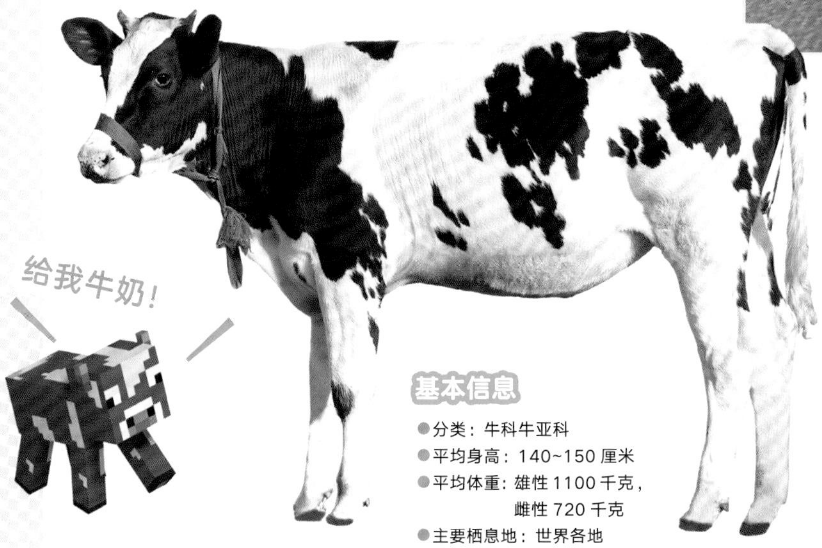

基本信息

- 分类：牛科牛亚科
- 平均身高：140~150 厘米
- 平均体重：雄性 1100 千克，雌性 720 千克
- 主要栖息地：世界各地

品种 娟姗牛

原产于英国的一种奶牛。跟黑白相间的奶牛不同，娟姗牛的皮毛是浅褐色的。

知识 是食材也是原材料

牛肉可以做成牛排，也可以烤着吃，牛皮可以做成钱包或背包等皮革制品。

品种 安格斯牛

一种肉用牛，价格比和牛实惠得多。

水牛

水牛最大的特点是头上长了两根月牙形弯角。

基本信息

- 分类：牛科牛亚科水牛属
- 平均身高：150~190 厘米
- 平均体重：700~1200 千克
- 主要栖息地：亚洲

羊

! 小贴士

不管是在现实生活中还是在《我的世界》中，松软的羊皮都被大家视若珍宝。另外，鲜嫩的羊肉吃起来也十分可口。

羊

柔软的皮毛是羊的显著特点。一开始，人们为了得到羊毛而将其驯服成家畜，后来，羊肉、羊奶以及用羊奶制成的奶酪都在世界各地广受欢迎。

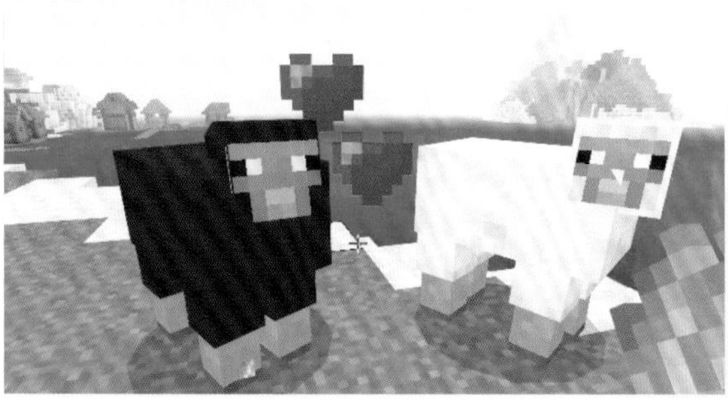

在《我的世界》中登场的羊，除了黑色的和白色的，还有粉色的和红色的等。

基本信息

- 分类：牛科羊亚科
- 平均身高：120 厘米
- 平均体重：45~95 千克
- 主要栖息地：世界各地

知识 可以食用的羊

羊肉鲜嫩可口，是广受大家喜爱的食物。出生一年内的小羊的羊肉称为羔羊肉。

美利奴羊

这是细毛绵羊品种的统称。这种羊的毛是白色的，跟《我的世界》中一样，很容易给羊毛染色。

基本信息

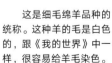

- 分类：牛科羊亚科
- 平均身高：145~155 厘米
- 平均体重：35~40 千克
- 主要栖息地：欧洲

山羊

基本信息

- 分类：牛科羊亚科山羊属
- 平均身高：75~80 厘米
- 平均体重：50~90 千克
- 主要栖息地：世界各地

山羊的角是它最显著的特征。在《我的世界》中，山羊出现在高山生物群系。在现实世界中，有些山羊也生活在地形险峻的地方，它们拥有强健的体魄。山羊的皮毛、肉、奶都有各种各样的用途，它是一种很重要的家畜。

一说起肉就会想到它

猪

! 小贴士

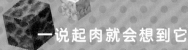

猪肉是一种很受人们欢迎的食用肉类。在《我的世界》中，饲养猪的主要目的也是为了吃肉。

猪

猪是由野猪驯化而来的，主要作为食用类家畜被人们饲养。跟牛和羊不一样，猪一般不产奶，只有肉可供食用。

在《我的世界》里，猪只会掉生猪肉，所以它的饲养优先程度比牛和羊低。不过，不要忘了，生猪肉可以用来交易。

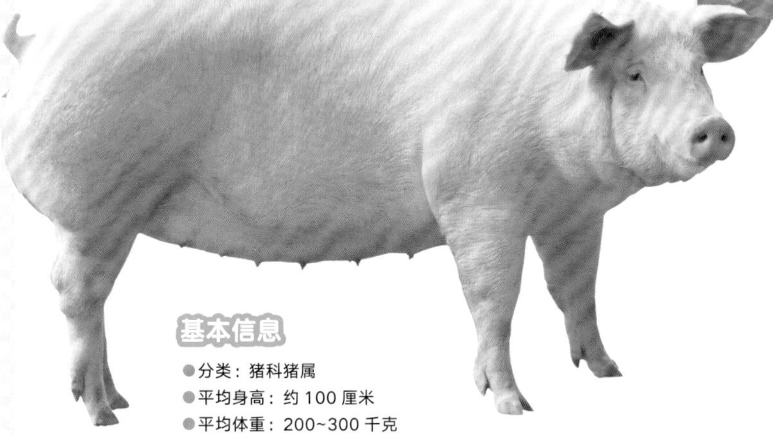

基本信息

- 分类：猪科猪属
- 平均身高：约 100 厘米
- 平均体重：200~300 千克
- 主要栖息地：世界各地

品种 巴克夏猪

巴克夏猪原产于英国英格兰巴克郡，是世界上比较古老的培育品种之一。

品种 伊比利亚猪

产自伊比利亚半岛，肉味浓、多汁。

知识 可食用的猪

不同品种的猪可能价格有差异，不过猪肉的售价基本上比牛肉便宜，买猪肉相对划算一些。在《我的世界》里，猪肉可以直接生吃，但是在现实世界里千万不要这样做，生吃猪肉可能会引发疾病。

猪最爱吃胡萝卜吗

在《我的世界》里，玩家可以用胡萝卜促使两头猪进行繁殖，或者把胡萝卜吊起来当诱饵，这样玩家就可以骑到猪背上。猪有时候会把地下的球根或根茎拱出来吃，《我的世界》可能就是抓住了猪的这一特点，将胡萝卜设定为它们最爱吃的东西。

马

! 小贴士

自古以来，许多国家的人都把马当作代步工具。骑马的时候，速度简直像飞一样。

马

现在人们养的马大部分是用来骑的，其中不乏用于比赛的马。不过，也不是说马肉不能吃，有些地方会专门养肉用马。

基本信息

- 分类：马目马科
- 平均身高：140~180 厘米
- 平均体重：380~1000 千克
- 主要栖息地：世界各地

在《我的世界》里，马的皮毛有好几种颜色，上面还有不同的花纹。选一匹自己喜欢的马来养应该是一件乐事。

品种 英国纯种马

英国纯种马是一种专为赛马培育的品种，天生具备快速奔跑的身体条件。

品种 矮马

矮马并不是一个单独的品种，而是指成年身高在 106 厘米以下的马。

知识 地方特色料理——马肉刺身

日本有一种特色料理，叫作马肉刺身，是指将生马肉切成片，蘸酱料吃。尤其是在熊本县，马肉刺身是最具代表性的特色料理。另外，在福岛县的会津地区，人们也会饲养肉用马。

驴

基本信息

- 分类：马科马属驴亚属
- 平均身高：100~150 厘米
- 平均体重：250 千克
- 主要栖息地：世界各地

驴的外形与马非常相似，但是没有马跑得快，也没有马那么通人性。

猫

小贴士

作为最常见的一种宠物，猫受到全世界人们的喜爱。在《我的世界》里也有很多种类的猫。

猫

猫是由利比亚山猫驯化而来的。虽然猫属于家畜，但是人们既不会吃它的肉，也不会使用它的毛皮，而是把它当作宠物来赏玩。

基本信息

- 分类：食肉目猫科
- 平均身高：20~25 厘米
- 平均体重：3~5 千克
- 主要栖息地：世界各地

《我的世界》中有许多种类的猫。玩家可以去找找有没有自己心仪的品种。

品种 波斯猫

波斯猫是一种极具代表性的长毛猫。它的毛发蓬松、柔软，深受人们喜爱。

猫的地盘意识

在游戏里，猫喜欢蹲在炉子上或箱子上。当它蹲在箱子上时，箱子就打不开了。

野猫和家猫

野猫会在村子里产崽。喂它鱼吃，把它驯化成家猫，就可以给它戴上项圈。家猫会乖乖听你的指挥，坐起来或跟着你走。

品种 孟加拉猫

精致的豹纹和纤细的体形是它的特点。

知识 港口有很多猫

港口有很多鱼可以吃，所以聚集在这里的猫很多。日本神奈川县的江之岛上生活着近 1000 只猫。

品种 曼切堪猫

它的名字在英文里有“小”的意思。这种猫的腿很短，特别可爱。

狼

小贴士

众所周知，狼是一种凶猛的食肉动物。后来，一部分狼被驯化了，慢慢演变成了现在的狗。

西伯利亚平原狼

西伯利亚位于亚洲北部的俄罗斯境内，西伯利亚平原狼就生活在那里。它们过着群居生活，每个狼群大概有 5~20 头狼。

《我的世界》中的西伯利亚平原狼是一种野生狼，玩家可以在树木丛生的地方见到它们的身影。它们不会主动攻击玩家，除非玩家先对它们发起攻击，它们才会反击。

驯化后会是非常值得信赖的伙伴!

基本信息

- 分类：食肉目犬科
- 平均身高：60~85 厘米
- 平均体重：25~50 千克
- 主要栖息地：北亚、东欧

知识 狼与狗的关系

人们都说狼被人驯化后慢慢变成了狗。跟猫一样，狼也没有实用价值，人们将它们驯化，主要是当作宠物来养。在《我的世界》中，喂狼吃骨头，可以将它们驯化成宠物。

用骨头驯服狼

在《我的世界》中，狼生活在森林生物群系。如果发现了它们，不妨悄悄地靠近，给它们骨头。如果出现了心形标志，说明驯化成功。成为宠物的狼不仅会乖乖地跟在玩家身边，还会在战斗的时候一起对抗敌人，是非常值得信赖的伙伴。

种类 北极狼

居住在北极圈附近。在狼中属于性格比较沉稳的品种。

种类 日本狼

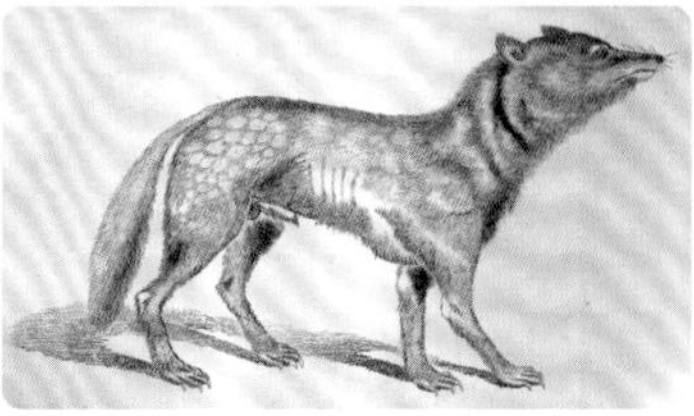

居住在日本山林中的一种狼。很遗憾，这种狼已经灭绝了。

黑白相间，超级可爱

熊猫

小贴士

大熊猫憨态可掬的外形让全世界的人都爱上了它们。在《我的世界》中，大熊猫生活在丛林里。

大熊猫

大熊猫是中国独有的动物，数量极其稀少，属于濒危物种。中国会将大熊猫租借给其他国家的动物园，共同对大熊猫保护技术进行研究。

在《我的世界》中，大熊猫生活在罕见的竹林里。

基本信息

- 分类：熊科大熊猫属
- 平均身高：60~90 厘米
- 平均体重：90~100 千克
- 主要栖息地：中国

大熊猫吃竹子的原因

大熊猫原本是食肉动物，人们推测，它们后来之所以吃竹子，可能是为了避免跟其他动物竞争。

知识 大熊猫的粪便

大熊猫的粪便是绿色的，没有臭味。大熊猫吃的竹子几乎没怎么消化就会被排泄出去，它的粪便的主要成分为竹子和竹笋的残渣。

熊猫的栖息地

熊猫主要栖息在中国西部温带地区的竹林里。中国政府制定了相当完善的熊猫保护政策。

小熊猫

小熊猫分布在亚洲诸国，主要生活在印度东北部和中国部分地区。它的外形不像大熊猫，反而比较像浣熊。它的样子十分可爱，所以在动物园里很受欢迎。这种动物的野生品种也濒临灭绝。

基本信息

- 分类：小熊猫科小熊猫属
- 平均身高：约 60 厘米
- 平均体重：3~6 千克
- 主要栖息地：亚洲

白白的、毛茸茸的

北极熊

！小贴士

北极熊生活在有厚厚的积雪的北极圈。其实，北极熊的毛发没有颜色，在北极的皑皑白雪中，受到阳光照射，周围的光线让它们看起来是白色的。

北极熊

顾名思义，北极熊是生活在北极圈的熊。它们的体形较大，样子十分可爱。它们平时在浮冰区或海岸线附近出没。

在《我的世界》里，北极熊生活在冰原生物群系。虽然它们看上去很可爱，但无法被驯化为宠物。

北极熊会护崽

在《我的世界》里，北极熊一般对玩家持中立态度，但当它们带着幼崽出现时，如果有玩家靠近，北极熊就会发起攻击。在现实世界中，带着幼崽的北极熊妈妈也有很强的警戒心。

基本信息

- 分类：熊科熊属
- 平均身高：130~160 厘米
- 平均体重：400~600 千克
- 主要栖息地：北极圈

棕熊

基本信息

- 分类：熊科熊属
- 平均身高：140~180 厘米
- 平均体重：雄性 180~350 千克，雌性 135~250 千克
- 主要栖息地：亚欧大陆、北美洲

棕熊分布于亚欧大陆以及北美洲大陆的大部分地区。日本有一种棕熊叫作虾夷棕熊，生活在北海道。它们会糟蹋农作物，还会袭击家畜和人类，是一种很危险的动物。

黑熊

黑熊分布于亚欧大陆东部、中国和日本等地的森林地带。它长着黑色的毛，胸口处有一道白色的月牙状花纹，这是它最主要的特征。它跟棕熊一样，自古以来就是人类惧怕的对象，常常受到驱赶。

基本信息

- 分类：熊科熊属
- 平均身高：120~190 厘米
- 平均体重：雄性 60~130 千克，雌性 40~80 千克
- 主要栖息地：亚欧大陆

能下很多鸡蛋

鸡

小贴士

鸡不仅可以供人食用，还会下蛋，是一种对人类贡献很大的家禽。人类养鸡的历史相当悠久。

鸡

人类大约从八千年前开始养鸡，历史相当悠久。供人食用的鸡叫作肉鸡，专门产蛋的鸡叫作蛋鸡。

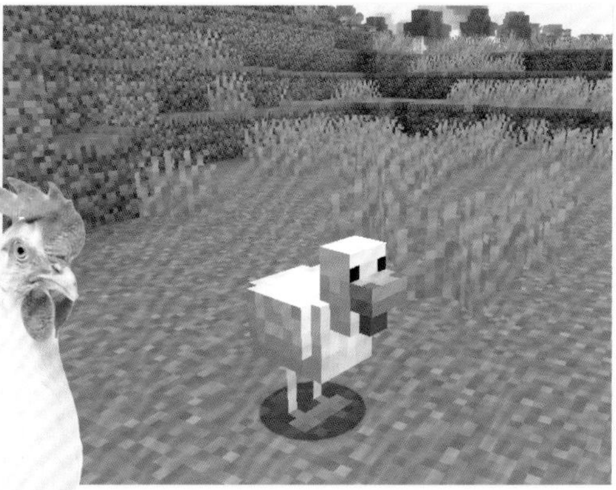

在《我的世界》里，玩家也能从鸡身上得到鸡肉和鸡蛋。砸开鸡蛋，有一定的概率会出现小鸡。

基本信息

- 分类：鸡形目雉科
- 平均身高：50~70 厘米
- 平均体重：0.8~2 千克
- 主要栖息地：世界各地

鸡一般在早上下蛋

鸡一般在早上下蛋，在上午 10 点左右达到峰值。

知识 肉鸡

人类一般要么吃鸡肉，要么吃鸡蛋。鸡肉的价格比猪肉和牛肉都要划算，西方人常常在节日做烤鸡来宴请宾客。

品种 军鸡

军鸡是日本独有的改良品种，本来是斗鸡专用的品种。

品种 洛克鸡

原产于美国新英格兰地区，中国引入的品种常称为芦花鸡。

鹦鹉和蝙蝠

小贴士

在《我的世界》里，在空中飞翔的动物有鹦鹉和蝙蝠。鹦鹉可以驯化成宠物。

鹦鹉

鹦鹉色彩艳丽，非常漂亮，很受人类喜爱。

在《我的世界》里，鹦鹉生活在丛林中。玩家要注意，不能喂鹦鹉吃饼干，否则会让它们死去。

基本信息

- 分类：鹦形目鹦形科
- 平均体长：30~60 厘米
- 平均体重：70~630 克
- 主要栖息地：世界各地

鹦鹉会模仿人类说话

有些鸟会模仿鸟群首领的叫声来跟同类交流。在这种习惯的驱使下，有些鹦鹉成为宠物后会模仿人类说话。

蝙蝠

在游戏中，一般能在洞窟或洞窟附近的平原地带发现它们。它们时常盘旋在空中。它们不会与人为敌，把它们打下来也没有什么好处，只要无视它们就行了。

蝙蝠能在空中飞翔，但它其实不是鸟类，而是哺乳动物。蝙蝠在地球上广泛分布。

蝙蝠吃什么

大多数蝙蝠都是吃虫子的，不过也有一些蝙蝠吃植物或动物，有些还会吸动物的血。

基本信息

- 分类：哺乳纲翼手目
- 平均翼展：16 厘米 ~1.7 米
- 平均体重：2 克 ~1.5 千克
- 主要栖息地：世界各地

现实世界中不存在的怪物

《我的世界》中还有许多现实中不存在的怪物。怪物一看到玩家，二话不说就会杀过来，根本不可能驯化它们，或者跟它们成为朋友。如果不能和平共处，怪物一出现，玩家就要立即冲上去把它们打倒，或者赶快逃跑。

怪物常常在洞窟等昏暗的场所出没。不同的怪物被打败时会掉落不同的物品，例如腐肉、弓等。

僵尸与骷髅

夜幕降临，大量僵尸与骷髅会突然冒出来。它们在阳光下会燃烧起来，所以玩家在白天活动比较安全。

苦力怕

这是《我的世界》中最常见的怪物。它出现时会发出恐怖的咝咝声，靠近玩家后会发生爆炸，相当恐怖。

史莱姆

这是一种绿色的软乎乎的生物。仔细看，会发现正面好像有一张脸。史莱姆被击杀后会分裂成 2~4 个小号的史莱姆，直至分裂成最小号，它才会被彻底击杀。

末影人

这是一种黑色的高个子怪物。它会带着恐怖的音效瞬移，想打败它可要吃苦头。

水中的动物

水里也存在大量动物。跟陆地上的动物一样，水里的有些动物是可食用的，有些动物因为外表可爱而被人们当作宠物饲养。下面主要以《我的世界》里存在的水中动物为中心进行介绍。

生活在沿海地区的人们依赖海洋与海产为生，鱼类向来是他们餐桌上的常客。

索 引

海豚……第 88 页
热带鱼……第 89 页
鲑鱼……第 90 页
鳕鱼……第 91 页
河豚……第 92 页
乌贼……第 93 页
墨西哥钝口螈……第 94 页
乌龟……第 95 页

高亢的叫声十分可爱

海豚

小贴士

海豚会成群结队地在大海里巡游。水族馆里经常举行海豚表演，它们是一种非常受欢迎的海洋生物。

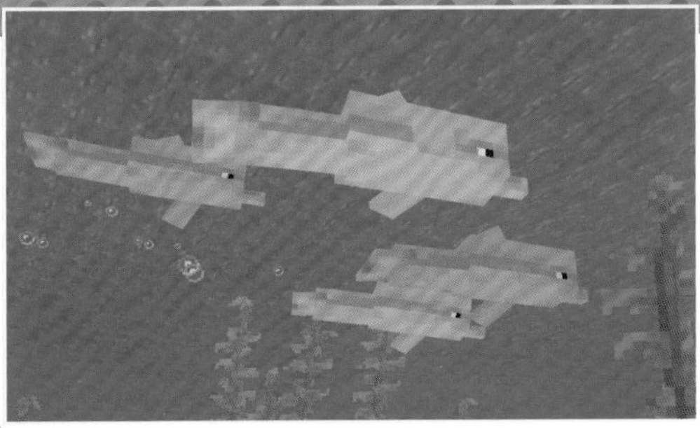

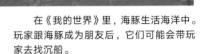

在《我的世界》里，海豚生活海洋中。玩家跟海豚成为朋友后，它们可能会带玩家去找沉船。

海豚

海豚虽然看上去像鱼，但它属于哺乳动物。它们非常聪明，是人类的好朋友。

基本信息

- 分类：鲸下目齿鲸小目
- 平均体长：200~400 厘米
- 平均体重：150~650 千克
- 主要栖息地：温带海域

种类 江豚

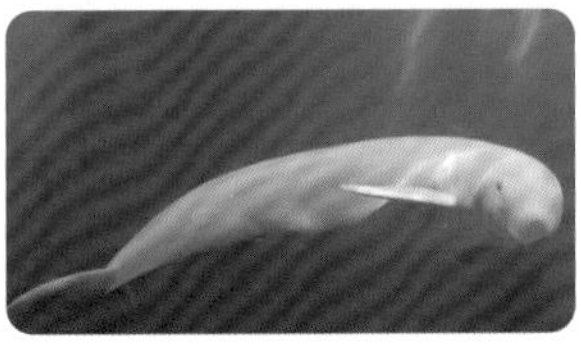

在海豚中，江豚属于体形较小的品种，体长只有大约1.5~2 米左右。它们一般生活在靠近海岸线的浅水区。

知识 海豚非常聪明

海豚的大脑比其他哺乳动物的大脑大得多，它们非常聪明。从水族馆的海豚表演也可以看出来，海豚的学习能力很强。

种类 虎鲸

虎鲸黑白相间，外表非常独特。它是凶猛的食肉动物，在海洋中几乎没有天敌，是绝对的海洋强者，几乎所有的鱼类都在它的食谱上。

海豚和儒艮

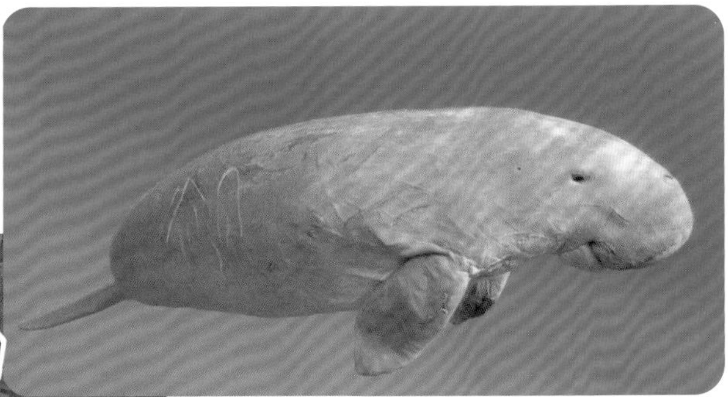

儒艮跟海豚有很多相似的地方。它也是一种哺乳动物，不过它属于海牛目儒艮科，跟海豚是完全不同的两种生物。

让海洋五彩缤纷的靓丽小鱼

热带鱼

小贴士

热带鱼是在热带海域里生活的小鱼的统称。《我的世界》中也有很多热带鱼。

小丑鱼

它是最有名的热带鱼之一。橙色的身体上长着黑白花纹，看上去非常艳丽。

《我的世界》里有很多热带鱼。它们的大小、颜色和样子都是随机的，外形的变化丰富多彩。

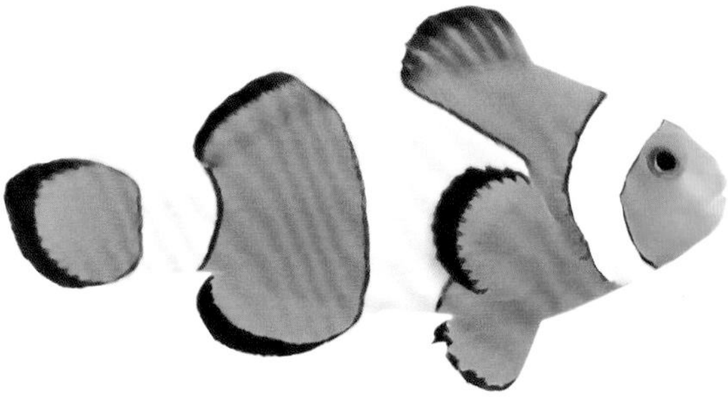

基本信息

- 分类：雀鲷科海葵亚科
- 平均体长：10~15 厘米
- 主要栖息地：热带海域

太平洋双锯鱼

太平洋双锯鱼跟小丑鱼非常相似，多见于太平洋、印度洋。

基本信息

- 分类：雀鲷科海葵亚科
- 平均体长：8~12 厘米
- 主要栖息地：太平洋、印度洋

黄三角倒吊鱼

这种鱼通体呈黄色，明艳的色彩十分受欢迎，饲养也很简单。

基本信息

- 分类：刺尾鱼科高鳍刺尾鱼属
- 平均体长：15~20 厘米
- 主要栖息地：印度洋、太平洋

镰鱼

镰鱼黄黑相间，有一条很长的背鳍。它是一种人气很高的热带鱼，不过据说不容易饲养。

基本信息

- 分类：镰鱼科镰鱼属
- 平均体长：10~15 厘米
- 主要栖息地：印度尼西亚及澳大利亚西部海域

斗鱼

有蓝色、红色等丰富多彩的色调，像花瓣一样美丽的鱼鳍更是让人印象深刻。对新手来说也很容易饲养。

基本信息

- 分类：鲈形目攀鲈亚目
- 平均体长：4~7 厘米
- 主要栖息地：东南亚

烤着吃或生吃都好吃

鲑鱼

小贴士

鲑鱼又称三文鱼，它的肉是橘红色的，鱼皮也非常美味。

鲑鱼

主要生活在大西洋与太平洋、北冰洋交界的水域。由于肉质鲜美，很受人们喜爱，各地都对其进行大规模养殖。

玩家在游戏中可以钓到鲑鱼，或者对正在水中游动的鲑鱼发起攻击，也能抓住它。抓到后，烤着吃吧！

基本信息

- 分类：鲑形目鲑属 ●平均体长：55~80 厘米
- 平均体重：2~5 千克 ●主要栖息地：亚洲、欧洲、美洲北部及太平洋北部

种类 红鲑鱼

红鲑鱼的特点是鱼鳞呈鲜红色。《我的世界》中的鲑鱼从外形上看跟红鲑鱼比较接近。它在鲑鱼中属于养殖难度比较大的品种。

种类 三文鳟

三文鳟是人工培育的虹鳟的变种，是鲑鱼和鳟鱼的混合品种。

暖海中没有鲑鱼

在现实世界里，鲑鱼为冷水性鱼类。在《我的世界》中，暖海里也看不见它们的身影。

虹鳟

虹鳟同样属于鲑形目，不过，它跟海洋里的鲑鱼不同，是淡水鱼，所以不能生吃。

基本信息

- 分类：鲑形目鲑亚目 ●平均体长：30~40 厘米
- 平均体重：约 0.5 千克
- 主要栖息地：北美洲的太平洋沿岸及堪察加半岛一带

鳕鱼

小贴士

鳕鱼多栖息于寒冷水域。它的肉是白色的，味道非常清爽。

大西洋鳕鱼

大西洋鳕鱼生活在海底附近，属于底栖鱼。它的嘴巴很大，张开大嘴可以吞下其他生物。

在《我的世界》里，鳕鱼只在暖海之外的海域现身。

基本信息

- 分类：鳕形目鳕科
- 平均体长：约 1.7 米
- 平均体重：约 40 千克
- 主要栖息地：太平洋、大西洋

鳕鱼生活在海底

在现实世界中，鳕鱼生活在海底，在《我的世界》中也是这样的，鳕鱼都在海底游动。想要找到鳕鱼，必须潜到海底。

知识 炸鱼薯条

炸鱼薯条是英国的代表性菜肴，其中的炸鱼就是指炸鳕鱼。在英国，它既是一道下酒菜，也属于快餐，一直很受欢迎。

种类 真鳕

真鳕在鳕鱼中属于体形较大的品种，体长差不多有 1.2 米。除了鱼肉，它的精巢部分也可以食用。

种类 南蓝鳕

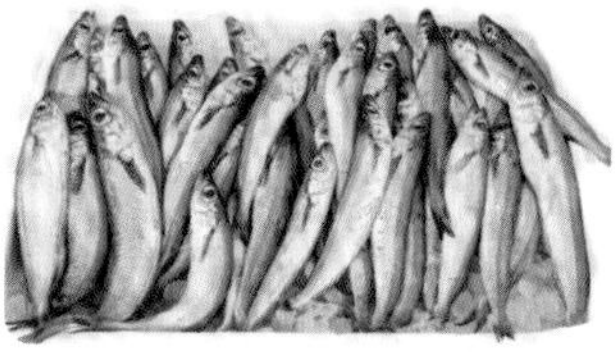

这是一种体形较小的鳕鱼，人们很少食用。不过，最近开始流行用它做鱼糜。

种类 黄线狭鳕

俗称明太鱼。这种鱼腐烂得很快，一般会被加工成水产制品，例如可以把它的鱼肉加工成鱼糜，再制成鱼糕，或者将它的鱼卵制成明太子（用辣椒和盐腌渍过的鳕鱼鱼卵）。

小心有毒

河豚

小贴士

河豚是一种高级食材。但它其实是有毒的，非常危险。

六斑刺鲀

因为全身布满尖刺而得名。遭遇敌人袭击时，六斑刺鲀会使身体膨大似球，尖刺竖立，以作自卫。它的内脏、皮肤和血液等处都有毒素。

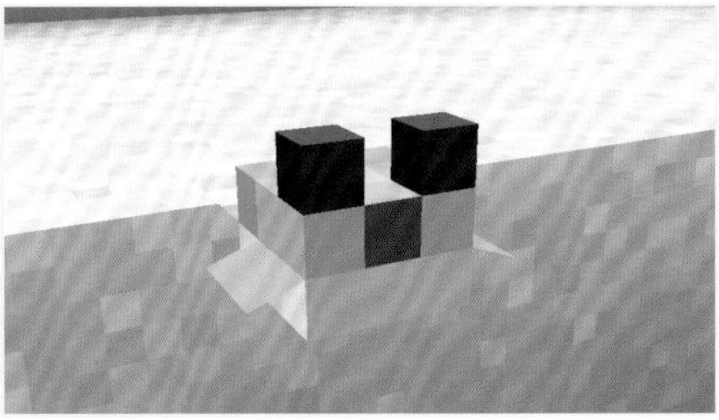

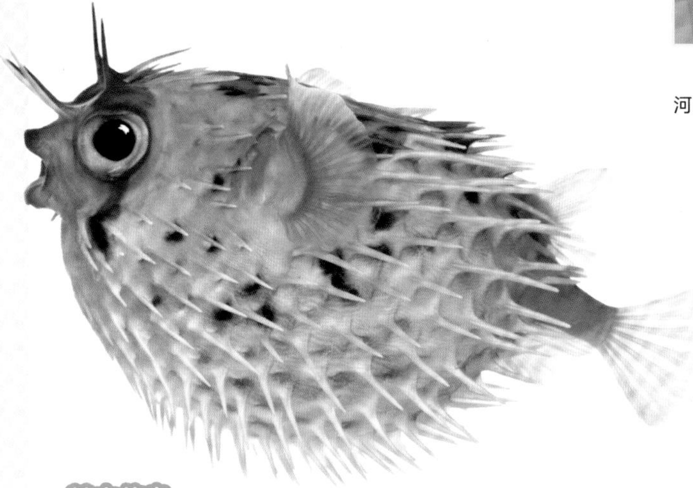

在《我的世界》里，玩家可以钓到河豚，也可以趁河豚在水中游动时发起攻击，然后将其捕获。

基本信息

- 分类：鲀形目二齿鲀科刺鲀属
- 平均体长：15~70 厘米
- 平均体重：500~600 克
- 主要栖息地：温带、热带、亚热带海域

身体里有可怕的毒素

提到河豚，大家会觉得这是一种美味又危险的鱼。在《我的世界》中，河豚也是一种危险的有毒的鱼，玩家吃掉河豚，会出现中毒症状。

种类 角箱鲀鱼

角箱鲀鱼一般不含河豚的毒素，但它体内可能含有其他毒素。

种类 红鳍东方鲀

红鳍东方鲀在河豚中属于比较高级的品种。当然，它体内也含毒素，想要烹制这种鱼，必须取得专业执照。

翻车鲀

翻车鲀也属于鲀形目，不过它的体长能达到 3 米，体形非常庞大，是最大的硬骨鱼之一。

基本信息

- 分类：鲀形目翻车鲀科翻车鲀属
- 平均体长：180~300 厘米
- 平均体重：250~1000 千克
- 主要栖息地：热带海域

有点儿恐怖的海洋生物

乌贼

小贴士

在《我的世界》里，乌贼是一种又黑又大的恐怖生物。不过，在现实世界中，乌贼是一种比较小的生物。

莱氏拟乌贼

这是一种大型乌贼，体长大约为 40 厘米。在《我的世界》里，莱氏拟乌贼是不可食用的，可是在现实世界中，人们捕获这种乌贼主要就是为了食用。

在游戏中，这种乌贼看起来比玩家的身体还要大。不过，不要被它可怕的外表吓到，它并不会对玩家发起攻击。

基本信息

- 分类：枪乌贼科拟乌贼属
- 平均体长：30~40 厘米
- 平均体重：700~800 克
- 主要栖息地：中国、日本

打败乌贼会掉落墨囊

乌贼在《我的世界》中是不能食用的，打败它也只能得到一个可以做染料的墨囊，几乎没什么用处，所以不用特意攻击乌贼。

种类 太平洋褶鱿鱼

在日本周边海域分布十分密集，深受当地人喜爱。因为价格便宜，消费量很高。既可以生吃，也可以做成鱿鱼干或用盐腌制着吃。

萤火鱿

萤火鱿的名字来源于它会发光的身体。它的触手尖部有 3 个发光器官，接触到其他东西的时候就会发光。《我的世界》中的发光鱿鱼生活在黑暗的水域。

基本信息

- 分类：武装鱿科萤火鱿属
- 平均体长：6~7.5 厘米
- 平均体重：7.5~10 克
- 主要栖息地：日本

种类 长枪乌贼

由于头部很像长枪的枪头而得名。它的肉质比太平洋褶鱿鱼鲜美，常被做成刺身或寿司等料理。

天使的外表，魔鬼的内心

墨西哥钝口螈

小贴士

它的学名是墨西哥钝口螈，由于会发出“墨西哥钝口螈”这样奇特的叫声，又被称作“呜帕鲁帕”。

墨西哥钝口螈

从名字就能看出来，墨西哥钝口螈的原产地是墨西哥。现在，不少人将墨西哥钝口螈当作宠物，它们大多都是人工繁殖的。

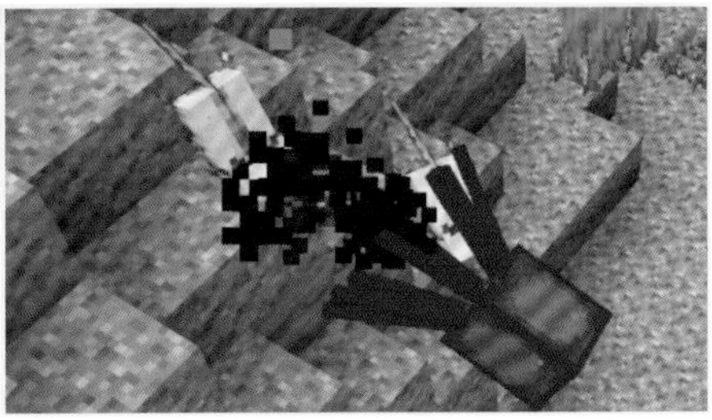

基本信息

- 分类：钝口螈科钝口螈属
- 平均体长：20~30 厘米
- 平均体重：50~230 克
- 主要栖息地：墨西哥

它会跟其他生物打架吗

墨西哥钝口螈一般是作为宠物饲养的，不过它跟其他生物很难和平共处，遇到比自己小的鱼，它绝对不会嘴下留情。《我的世界》如实还原了它的这种性格。

知识 墨西哥钝口螈的宝宝

墨西哥钝口螈一次能产将近 200 颗卵，但不是所有的卵都能顺利孵化成幼崽，有些卵还没孵化就死掉了，还有一些被吃掉了。

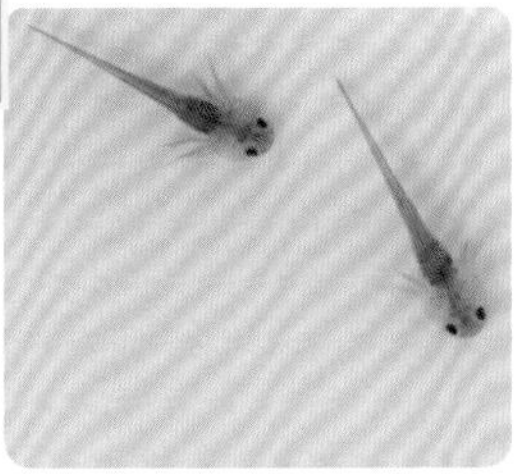

日本大鲵

日本大鲵栖息在日本列岛西南部。墨西哥钝口螈在幼体时就已经达到性成熟，但日本大鲵不同，它们会长为成体，体长一般在 50 厘米左右，最大可以达到 150 厘米。

基本信息

- 分类：隐鳃鲵科大鲵属
- 平均体长：50~120 厘米
- 平均体重：6~9 千克
- 主要栖息地：日本

五颜六色的墨西哥钝口螈

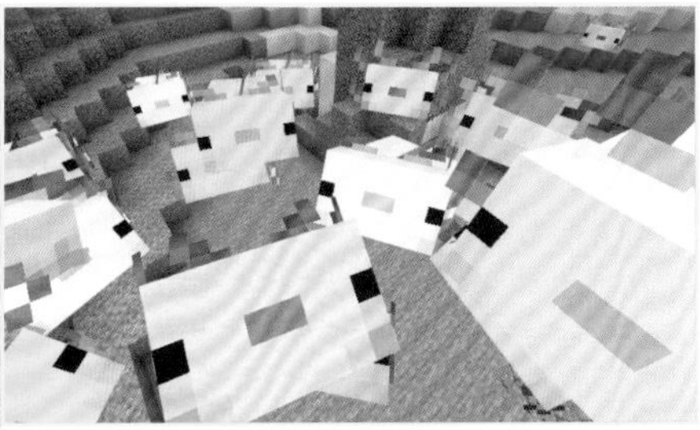

游戏中有各种颜色的墨西哥钝口螈。在现实世界里，大多数墨西哥钝口螈都是浅粉色的和白色的，还有褐色的和黄色的品种。

产卵时请默默守护它

乌龟

! 小贴士

乌龟的特点是有厚厚的壳。不同品种的乌龟体形也不相同，最大的乌龟全长能达到 180 厘米。

海龟

海龟是海龟科和棱皮龟科海栖龟类的统称。海龟体形较大，最小的品种身长也超过 60 厘米。

在游戏中，海龟一般生活在海边。别看它们在陆地上慢吞吞的，它们在水中游泳的速度快极了。

基本信息

- 分类：龟鳖目海龟科
- 平均体长：60~170 厘米
- 平均体重：45~700 千克
- 主要栖息地：热带海域

在海龟产卵时守护它

在《我的世界》中，给两只海龟喂海草，它们就会产卵，一段时间后会孵化成小海龟。小海龟顺利长大，就会掉落海龟鳞片。

陆龟

基本信息

- 分类：龟鳖目陆龟科
- 平均体长：20 厘米
- 平均体重：1.5 千克
- 主要栖息地：温带地区

陆龟可以作为宠物来饲养。它们的体长一般为 20 厘米左右。它们中的大多数都是吃草的，不过也有一些会吃虫子的尸体。

鳄龟

基本信息

- 分类：龟鳖目鳄龟科
- 平均体长：50 厘米
- 平均体重：10 千克
- 主要栖息地：北美洲、南美洲

鳄龟生活在淡水沼泽地带。正如它的名字，鳄龟对待敌人时像鳄鱼一样凶残。

知识 海龟的卵

海龟每年 5 月上旬到 7 月下旬左右，会在夜里爬上海岸，产下大约 120 颗白色的卵。

探索沉入深海的海底遗迹

在《我的世界》中，海底有海底遗迹，那里生活着守卫者、远古守卫者等鱼形怪物。守卫者会在遗迹周围和内部游动，远古守卫者则会在遗迹内部的房间里等待玩家。海底冒险的难度极高，可是有一些宝物只有海底才有，大家不妨去挑战一下。

海底遗迹呈金字塔形。在左侧区域、右侧区域和深处区域，各有一只远古守卫者在等待玩家。也就是说，一处海底遗迹中一般有三只远古守卫者。

去海里冒险需要准备些什么

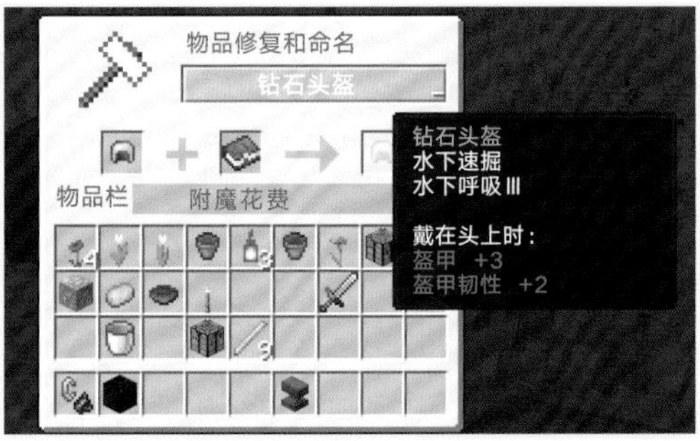

建议玩家在给防具类装备添加水下呼吸、水下速掘、水下移动等附魔时，一定要用最高等级的。除此之外，最好再准备一些水下呼吸药水和夜视药水。

守护海底遗迹的守卫者

守卫者在海底遗迹周围来回游动，一旦有人靠近，它们就会发射激光进行攻击。它们是名副其实的强敌，如果不能打败它们，就无法继续探索海底遗迹。

镇守在海底遗迹内部的远古守卫者

海底遗迹一般有三只远古守卫者。它们可以给玩家施加挖掘疲劳效果，使玩家的挖掘无法进行。玩家可以通过喝牛奶来解除疲劳效果，但是要小心，喝牛奶时，药水的效果会消失。

海绵

玩家只能在海底遗迹找到海绵。击败远古守卫者也能获得海绵。

便利的工具

《我的世界》里有许多种工具，每种工具都是现实生活中实际使用的工具。一些由红石制成的装置，实际上是传感器等工具的再现。

索 引

镐……第 98 页
锄头……第 99 页
锹……第 100 页
斧子……第 101 页
水桶……第 102 页
剪刀……第 103 页
打火石……第 104 页
剑……第 105 页
弓和弩……第 106 页
防具……第 107 页
操作台……第 108 页
熔炉……第 109 页
织布机……第 110 页
制图台……第 111 页
铁砧……第 112 页
唱片机……第 113 页
红石……第 114 页
红石中继器……第 115 页
红石比较器……第 116 页
阳光传感器……第 117 页
观察者……第 118 页
潜声传感器……第 119 页

镐

小贴士

采集矿石、挖掘坚硬的岩层表面都离不开这种工具。在《我的世界》里，没有镐就无法进行挖掘工作。

在游戏中，如果必须先准备一样工具，那一定要准备镐。木镐不能挖东西，所以至少要用石镐，如果能准备铁镐就更好了。

双头镐

基本信息

- 长度：90~100 厘米　●重量：1~3 千克
- 材质：钢等
- 用处：敲碎岩石

这种工具可以用来敲碎坚硬的地面和岩石表面。手柄的部分是木制的，头部是金属制成的。

知识　将力量集中到一点来敲碎硬物

镐的前端很尖，可以将所有力量都凝聚在一个小小的点上。集中在一点上的力量可以将坚硬的岩石敲碎。不过，这种工具只能用来敲碎岩石，砍伐木头之类的工作就不能胜任了。

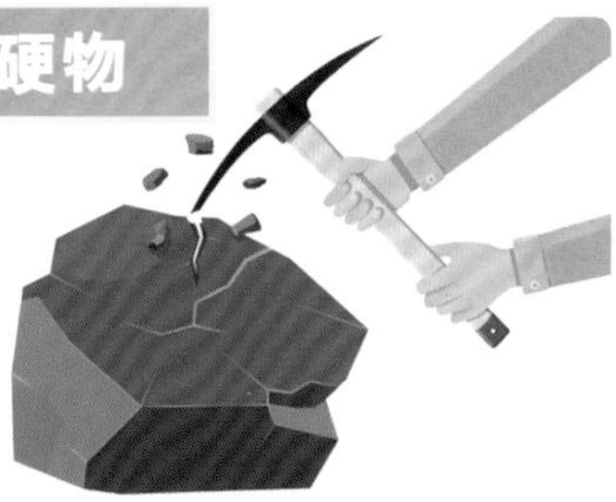

不同材质的镐可以用来采集不同的矿石

种类	攻击力	攻击速度	耐久度
木镐	2	1.2	59
石镐	3	1.2	131
铁镐	4	1.2	250
金镐	2	1.2	32
钻石镐	5	1.2	1561
下界合金镐	6	1.2	2031

木镐只能用来采集煤炭。想要采集铁矿石、青金石的话，至少要用石镐。采集金矿石、钻石、绿宝石、红石至少要用铁镐。

与登山镐的不同之处

登山镐和游戏中的镐看上去十分相似，但用途完全不同。游戏中的镐是用来敲碎岩石和地面的工具，登山镐是现实中人们登山用的工具，主要用来制造落脚点、防止滑落等。

耕地的好帮手

锄头

小贴士

人们可以用锄头松土，这样种植作物的时候更容易。播种之前一定要先松土。

进行农业活动，必须先开垦田地，这一点在《我的世界》里也是一样的。有了耕地和水，就可以准备种植作物。

唐锹

唐锹由锹刃和木把儿组成。由于做工结实，很适合用来挖掘荒地等泥土坚硬的地方。

基本信息

- 长度：100 厘米
- 重量：1.5~2.5 千克
- 材质：钢铁、不锈钢等
- 用处：挖掘

知识 锄头和杠杆原理

备中锹的形状很像叉子。将其插入地面深处，利用杠杆原理将其撑起，就可以开垦田地。在这种情况下，木把儿是着力点，锹刃部分是受力点，与地面的接触点是支点。

耐久度的差异

种类	攻击力	攻击速度	耐久度
木锄头	1	1	59
石锄头	2	1	131
铁锄头	3	1	250
金锄头	1	1	32
钻石锄头	4	1	1561
下界合金锄头	4	1	2031

在游戏中，石锄头的耐久度肯定高于木锄头，铁锄头的耐久度肯定高于石锄头。如果农田的面积不是特别大，木锄头和石锄头就足够了。铁和钻石用来做锄头有点儿浪费，建议用这些珍贵的材料来制造其他工具和装备。

用来挖坑的工具

锹

小贴士

这种工具是用来挖掘地面的。想挖深坑或平整土地时，使用锹非常方便。

在《我的世界》里，用手就可以挖泥土和沙子，所以可能有人对这种工具不是很在意。其实，使用锹比用手快得多。如果要大规模地平整土地，一定要事先做一把锹。

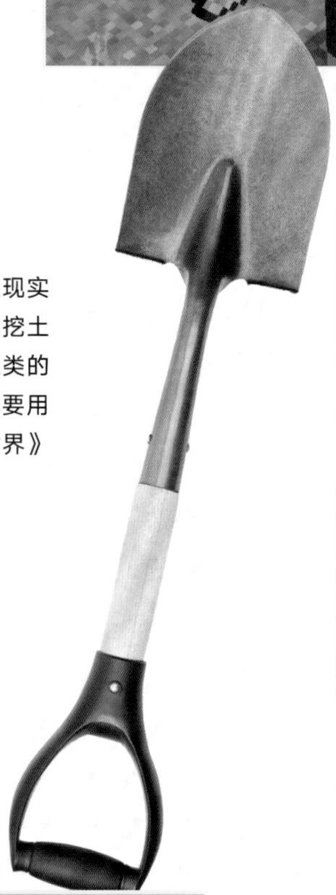

锹

这是一种挖掘工具。在现实世界中，在进行园艺工作或挖土豆的时候可以使用小铲子之类的工具。不过，要想挖坑，就要用到大一点儿的锹。《我的世界》中使用的就是大号的锹。

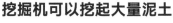

基本信息

- 长度：95~100 厘米
- 重量：1~2 千克
- 材质：钢铁、不锈钢、铝
- 用处：挖掘

挖掘机可以挖起大量泥土

在《我的世界》里，玩家都是手工作业，但是在现实世界中，人们会使用挖掘机，一下子就能挖起大量泥土。

知识 锹的叫法因地区而异

在日本关东和关西，人们对锹的叫法不一样。其实，一个词来自荷兰语，一个词来自英语，本质上指的是同一样东西。

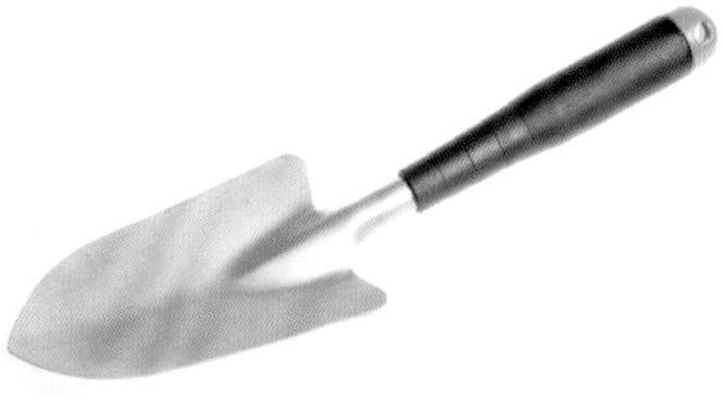

耐久度的差异

种类	攻击力	攻击速度	耐久度
木锹	2.5	1	59
石锹	3.5	1	131
铁锹	4.5	1	250
金锹	2.5	1	32
钻石锹	5.5	1	1561
下界合金锹	6.5	1	2031

在游戏中，用到锹的机会远没有锄头那么多，基本上有一把石锹就足够了。不过，要是需要平整大片土地，准备一把钻石锹就再好不过了。附魔后的钻石锹，挖掘速度超乎你的想象。

既能砍树伐木，也能用作武器

斧子

小贴士

制作这种工具主要是用来砍树的。然而，斧子自古以来一直被当作武器使用。

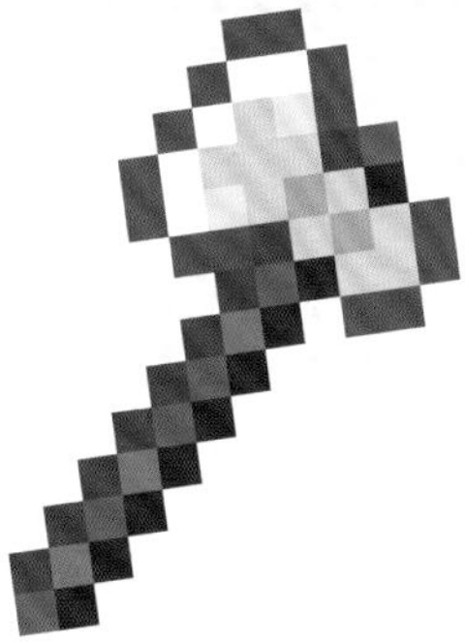

在现实世界里，斧子被当作武器使用，已经有很长的历史了，这一点在《我的世界》里也是如此。斧子原本是一种生活用具，一般的老百姓不需要任何训练就可以使用。在很多游戏中，斧子都以接近武器的形态出现。

斧子

人类使用斧子的历史可以追溯到石器时代。根据用途不同，斧子分为劈斧、砍伐斧、用来作战的战斧等。

基本信息

- 长度：70~90 厘米
- 重量：1.5~4 千克
- 材质：钢铁、不锈钢等
- 用处：砍伐

砍伐树木的斧子

在游戏中，斧子的用途是砍树。斧子的形状多种多样，不过基本上大多数斧子的刃都薄且锋利，能在树干上留下深深的痕迹。

耐久度的差异

种类	攻击力	攻击速度	耐久度
木斧子	7	0.8	59
石斧子	7	0.8	131
铁斧子	9	0.9	250
金斧子	9	1	32
钻石斧子	9	1	1561
下界合金斧子	10	1	2031

在《我的世界》里，斧子主要用来砍伐树木。木材是一切的根本，所以在装备类工具中，除了镐，大家一定要优先准备一把斧子。选择武器时也可以把它排在第一位。

储水、运水的好帮手

水桶

小贴士

水桶是可以用来储水的工具。在《我的世界》中，水桶是用铁锭制成的，不过在现实生活中，除了铁桶，还有很多塑料制成的水桶。

在《我的世界》中，拿着水桶去触碰牛，就会得到牛奶。牛奶不仅是单纯的食材，直接饮用还可以解毒。

水桶

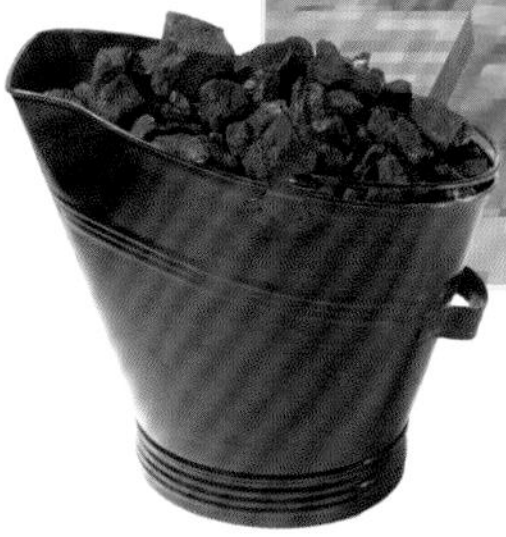

水桶不仅能用来运水，还可以把各种工具装进去，劳作时带上水桶非常方便。

可以运输燃料的煤炭桶

在《我的世界》里，玩家可以用水桶来运熔岩。熔岩是一种非常优秀的热源，如果物品栏有足够的空间，且拥有足够的铁，可以保存一些熔岩桶。在现实世界中，也有可以运输煤炭的煤炭桶，从运输燃料这一点来说，它们具备相同的功能。

基本信息

- 长度：25~30 厘米
- 重量：280~400 克
- 材质：铁、塑料等
- 用处：装载物品

知识　水桶接力运水

水桶接力灭火是一种常见的灭火方式。在水桶里装满水，然后以人传人的方式把水桶运过去，进行应急灭火。为了以防万一，可以在平时进行相关的避难训练。

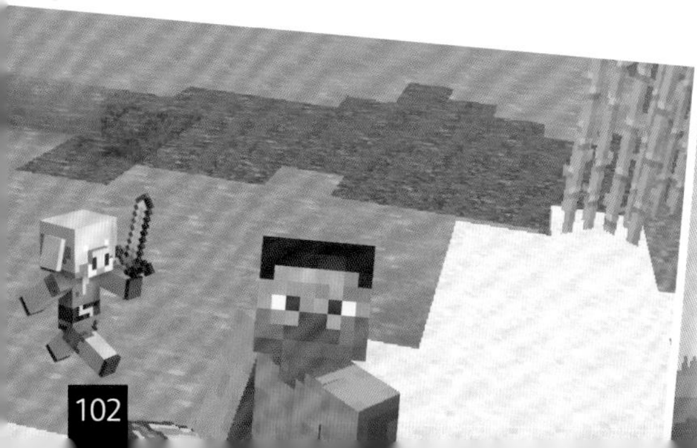

咔嚓咔嚓

剪刀

小贴士

剪刀是主要用来剪东西的工具。在《我的世界》里，剪刀主要用来剪叶子或羊毛。

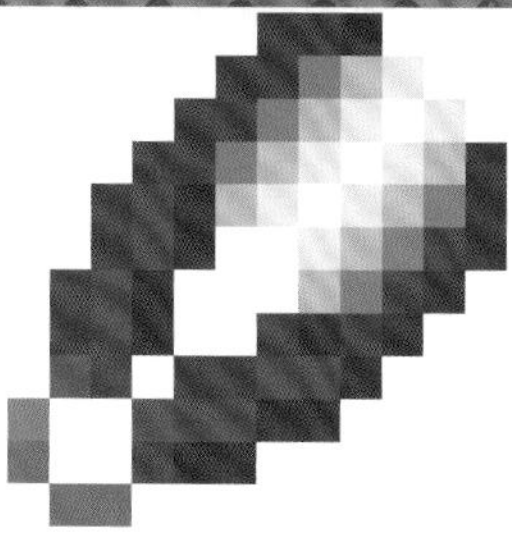

在《我的世界》里，剪刀一般不用来剪纸，而是用来剪羊毛和叶子。因此，游戏里的剪刀都是以希腊剪刀的形态出现的。

希腊剪刀

剪刀有各种各样的形状，在《我的世界》里，它是以希腊剪刀的形态出现的。希腊剪刀呈“U”字形，据说在很久以前，古希腊人就用这样的剪刀剪羊毛。

基本信息

- 长度：10 厘米
- 重量：30 克
- 材质：铁、钢等
- 用处：剪东西

种类 罗马剪刀

罗马剪刀呈“X”字形，是现在仍然比较常见的剪刀。它很适合用来裁剪纸张或布匹，因此也被叫作裁缝剪。人们似乎从古罗马时期就开始使用这种剪刀来剪羊毛或给人理发。

种类 日式剪刀

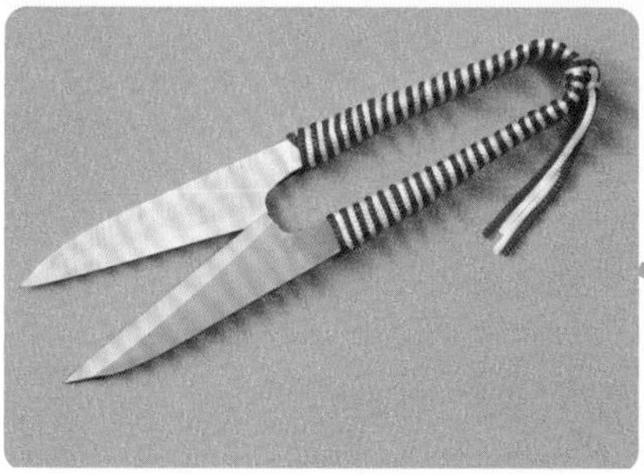

日式剪刀跟希腊剪刀一样是“U”字形的，也叫切线剪或手握剪。这种形状的剪刀随着时代的进步，已经被逐渐被淘汰了，不过在日本，人们依然会在做裁缝一类精细的工作时用到它。

知识 杠杆原理

剪刀之所以能剪断东西，是因为杠杆原理在起作用。中间的螺丝是支点，手握的部分是施力点，刀刃的部分是受力点。将纸张放到离支点近的地方，更容易剪开，这也是因为杠杆原理。

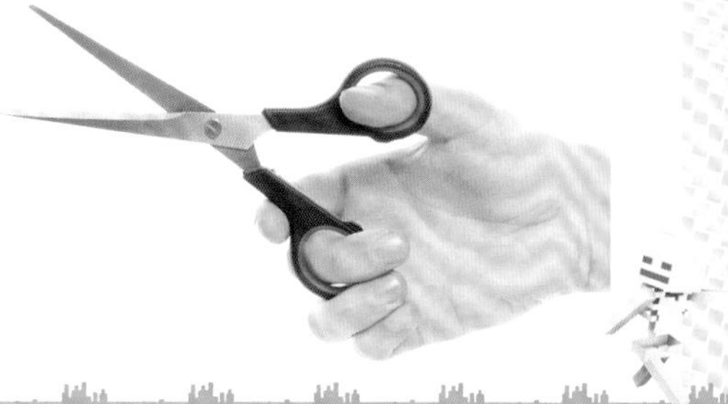

敲敲打打，擦出火花

打火石

! 小贴士

这是一种用来生火的物品。

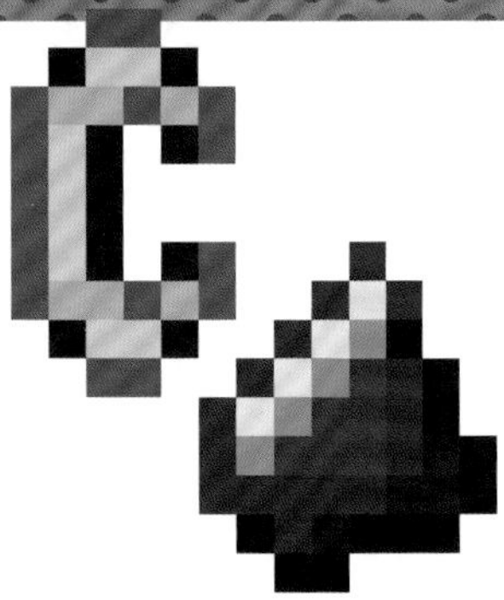

在《我的世界》中，打火石最重要的用途就是激活下界传送门。在用黑曜石制成的大门内使用打火石点火，就能激活下界传送门。

打火石

可以用石英等岩石制作打火石。在《我的世界》里，挖掘沙砾的过程中可能会得到打火石。石器时代，人们用两块石头相互碰撞来生火，后来开始使用一种叫作击铁的金属生火。

基本信息

- 长度：10~13 厘米
- 重量：70~100 克
- 材质：岩石等
- 用处：生火

使用方法

用击铁跟打火石碰撞、摩擦，它们之间的冲击会产生小小的火花。将火花引到木材、油类等易燃物上，火就能烧起来。

知识 打火机里的打火石

打火机里也用到了打火石。用打火机点火时，会先转动一个小小的圆柱体，它在转动的过程中跟打火石发生摩擦，就会产生火花。

击铁

用来摩擦打火石的工具，一般用钢铁或铁制成。

基本信息

- 长度：9~10 厘米
- 重量：60~80 克
- 材质：铁等
- 用处：生火

剑

小贴士

这是用来打败怪物和动物的工具。可以用利刃劈砍，对敌人造成伤害。

在《我的世界》里，用斧子造成的伤害高于用剑。不过论攻击速度，还是剑比较快，所以需要持续攻击时，剑造成的伤害总体上高于斧子。用剑将对手砍倒的概率也比较大。

长剑

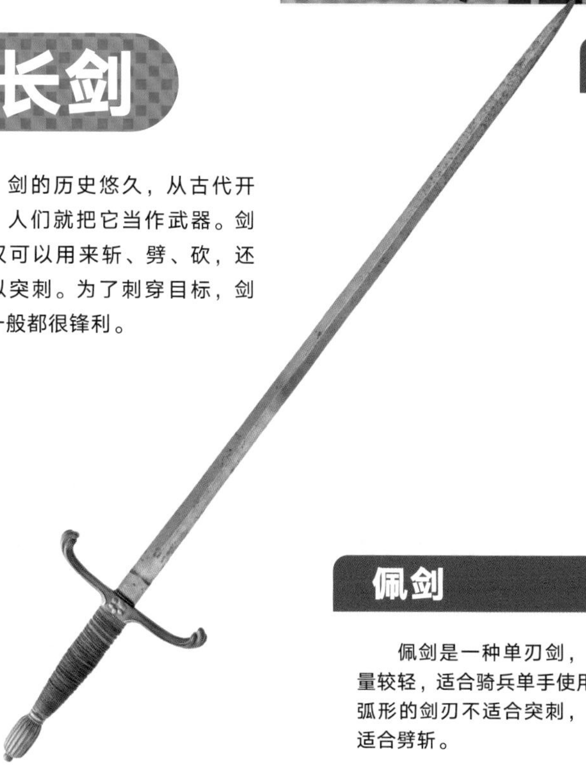

剑的历史悠久，从古代开始，人们就把它当作武器。剑不仅可以用来斩、劈、砍，还可以突刺。为了刺穿目标，剑刃一般都很锋利。

基本信息

- 长度：80~90 厘米
- 重量：1~2 千克
- 材质：铁等
- 用处：充当武器

日本刀

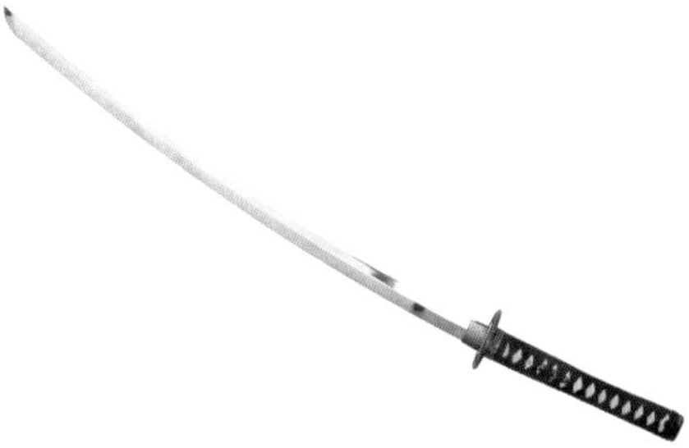

剑左右两侧都有刃，但日本刀只有一边有刃，这是日本刀最大的不同之处。

佩剑

佩剑是一种单刃剑，重量较轻，适合骑兵单手使用。弧形的剑刃不适合突刺，更适合劈斩。

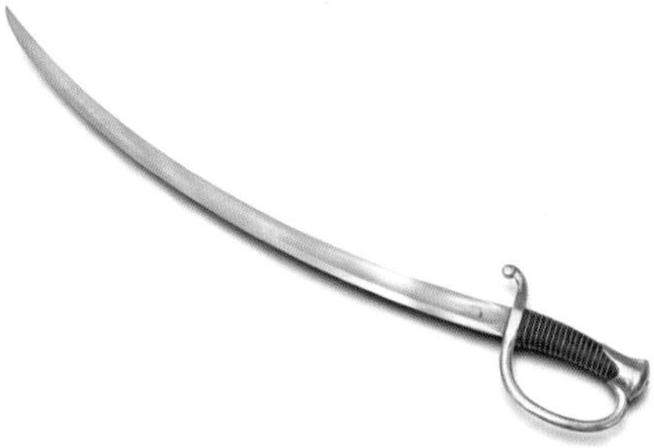

附魔提升能量

附魔可以对剑进行强化。锋利附魔可以提升攻击力，火属性附魔可以让中剑对象燃烧起来。面对强敌时，玩家可以灵活使用附魔。

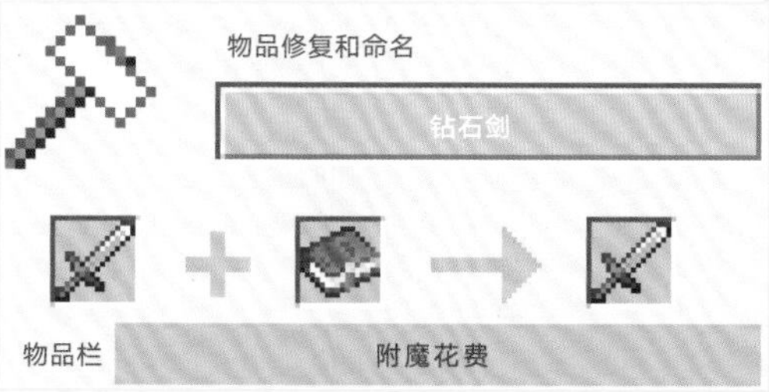

发动远距离攻击吧

弓和弩

小贴士

箭射出去之后，能打败远处的猎物，弓和弩自古以来就是狩猎时必备的武器。

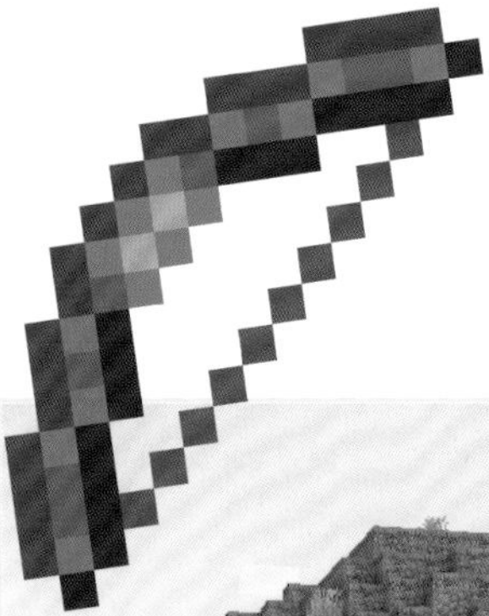

使用弓箭，可以在不靠近怪物的情况下发起攻击。当敌人数量众多时，玩家可以带着弓箭站到高处，远远地射杀敌人。

弓

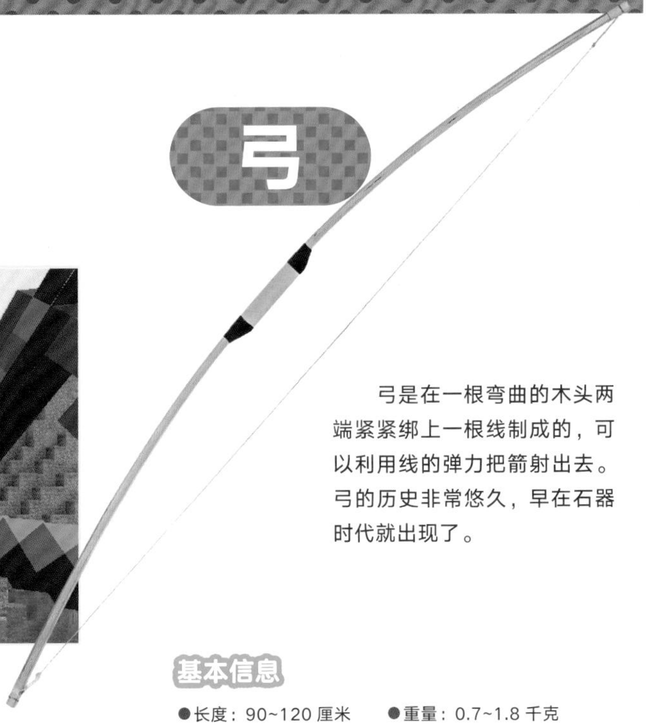

弓是在一根弯曲的木头两端紧紧绑上一根线制成的，可以利用线的弹力把箭射出去。弓的历史非常悠久，早在石器时代就出现了。

基本信息

- 长度：90~120 厘米
- 重量：0.7~1.8 千克
- 材质：木头等
- 用处：充当武器

掠夺者钟爱的武器

掠夺者们喜欢拿着弩走来走去。打败他们，就能得到他们手里的武器。射击前必须把箭搭在弦上，这样就能马上射出去。

弩

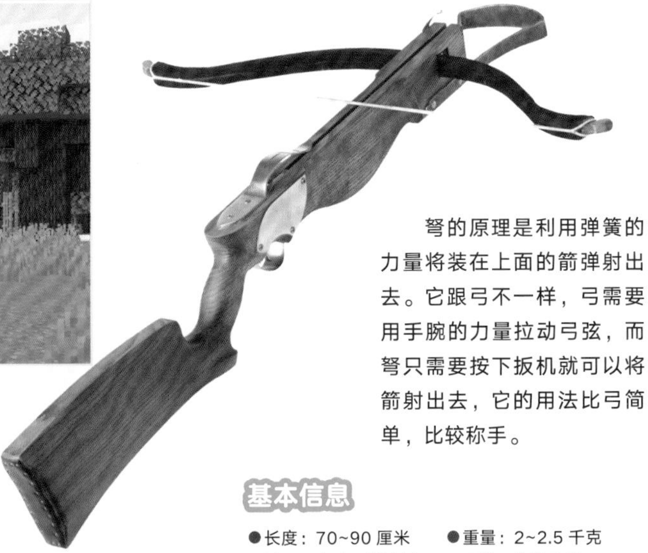

弩的原理是利用弹簧的力量将装在上面的箭弹射出去。它跟弓不一样，弓需要用手腕的力量拉动弓弦，而弩只需要按下扳机就可以将箭射出去，它的用法比弓简单，比较称手。

基本信息

- 长度：70~90 厘米
- 重量：2~2.5 千克
- 材质：木头、树脂等
- 用处：充当武器

用牢固的装备保护自己

防具

小贴士

在游戏中，如果对怪物的攻击感到头疼，可以制作一些防具来保护自己。

头盔

基本信息

- 整体长度：170~180 厘米
- 整体重量：30~40 千克
- 材质：金属
- 用处：防护

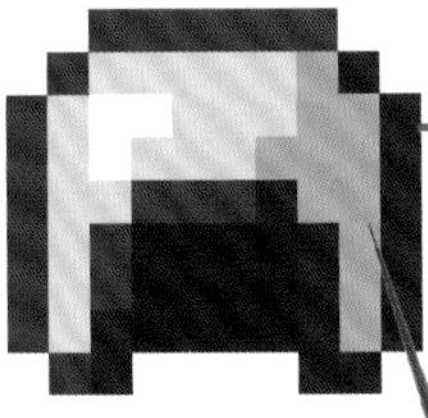

这是一种保护头部的装备。在战争中，人的头部很容易成为敌人的攻击目标，所以需要头盔的保护。日本武士的头盔不只起到防护作用，还是身份的象征，头盔上不同的装饰代表了不同的阶层。

胸甲

这是保护身体的装备，也叫护胸或铠甲。各个国家都会用不同的材质来制造胸甲，款式也不尽相同，不过都是从胸部覆盖到腹部，用来保护身体。

护腿

保护腿的装备。它其实是由西方的绑带转变而来的，目的是保护腿。在《我的世界》里，护腿更像一条裤子，能保护整个下半身。

靴子

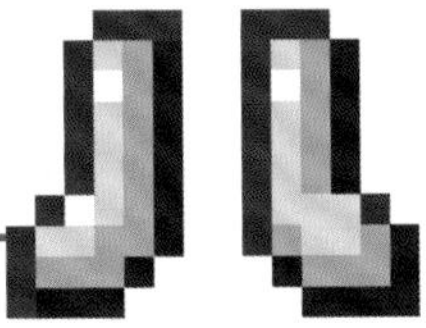

保护脚的装备。现在人们穿靴子主要是为了追求时尚。在战场上，战士会同时穿上靴子和护腿，保护自己。《我的世界》里的靴子大概有脚踝那么高。

在上面进行各种操作

操作台

小贴士

操作台在《我的世界》里必不可少。在现实世界中，一般叫作工作台。

《我的世界》的操作台几乎可以制作所有的物品。工具、装备自不必说，就连炖蘑菇和蛋糕这类食物也能在操作台上完成，简直称得上万能工作台。

制作简单

在《我的世界》，只要用四根木材就可以轻松地做出一个操作台。每个玩家都要先在自己的据点里放上一台。

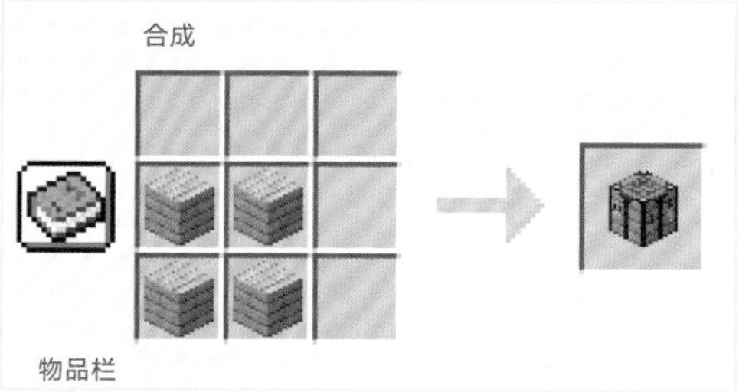

工作台

工作台就是一张桌子，人们可以在上面从事木工等多种工作。它的形状和样式根据工种的不同而各有差异，不过大部分工作台上都配备着一个多功能工具架。如果家里有工作台，甚至可以自己制作家具。

基本信息

- 宽：100~210 厘米
- 深：75~120 厘米
- 高：60 厘米
- 重量：15~40 千克

工作台的实际用途

现实世界中的工作台主要用来进行木工工作，可以将木板加工到合适的尺寸，或者制作自己喜欢的架子和椅子等。一般在家居广场就能买到。

点起炉火来加工

熔炉

小贴士

在《我的世界》里可以用熔炉提炼矿石或烹制料理。

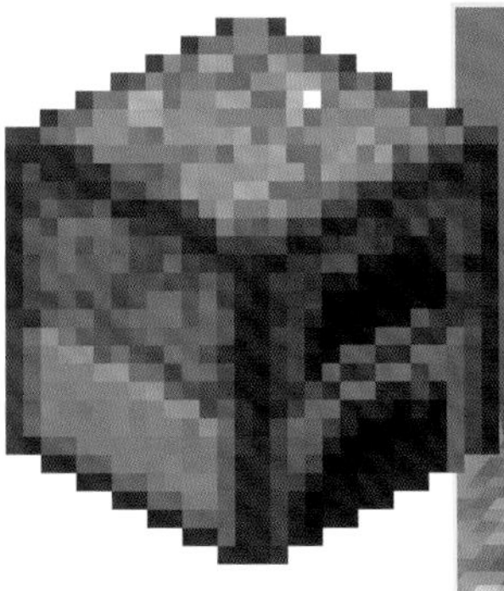

烟熏炉烹制肉类的速度是熔炉的几倍。烟熏炉只能用来烹制肉类，需要制作大量牛排时，可以选择使用烟熏炉。

石窑

将材料放入用火烧热的拱形石窑内，可以利用里面的热辐射进行加热。石窑是用耐火的砖块和混凝土等砌成的。现在可以买到石窑材料套装，在家也可以轻松搭建。

基本信息

- 宽：82~93 厘米
- 深：80~96 厘米
- 高：58~60 厘米
- 重量：330~390 千克

石窑的实际用途

说到石窑，首先浮现在脑海中的应该是比萨。想把薄薄的面饼烤得脆脆的，必须用石窑里的明火来烤。

将线织成布料

织布机

小贴士

纺织品是将线编织在一起制成的布料。织布机就是用来制作纺织品的机器。

《我的世界》里的织布机可以把图案绘制到旗帜上。组合不同的颜色和图案，玩家能创造出独有的设计。

织布机

纺织品的历史相当久远，早在公元前就留下了用线织布的痕迹。早在新石器时代，中国就已经用织机生产丝绸制品了。

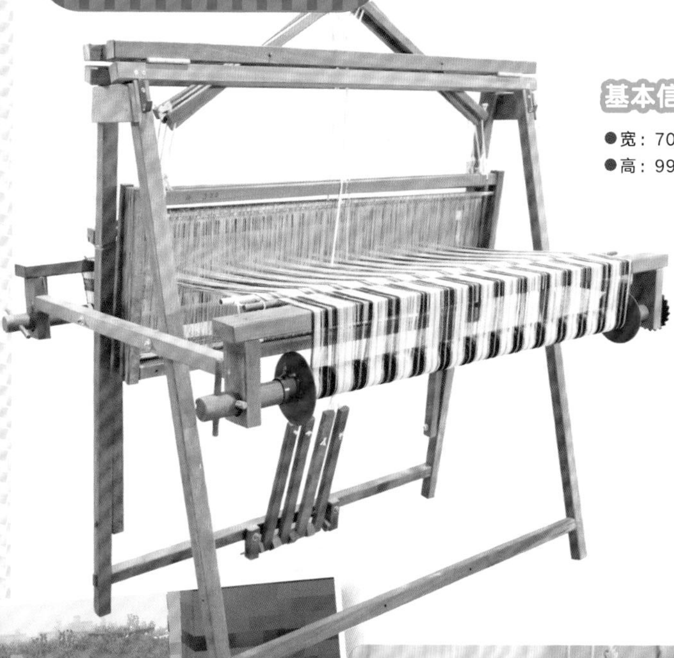

基本信息

●宽：70~100 厘米　●深：60~75 厘米
●高：99~110 厘米　●重量：15~16 千克

织布机的实际用途

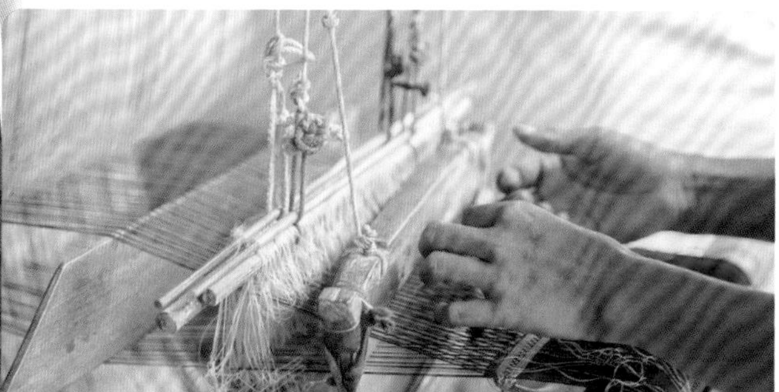

在纵向的丝线中间留出空隙，让横向的丝线从里面穿过，然后将横向的丝线收紧，让它跟纵向的丝线紧密结合，这就是织布的基本方法。不同国家和地区的纺织方法各不相同，从而产生了各地不同的传统工艺品。

画张地图瞧一瞧

制图台

小贴士

制图指的是将建筑物等的构造图画在纸上。在《我的世界》里，制作的是地图。

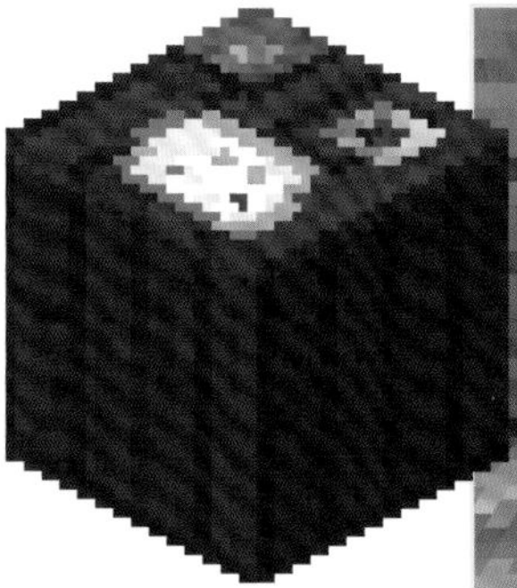

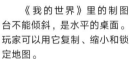

《我的世界》里的制图台不能倾斜，是水平的桌面。玩家可以用它复制、缩小和锁定地图。

颜色是深棕色

在游戏中，不管用什么木材来做，制图台的颜色始终是深棕色，看上去非常美观，跟黑橡木做成的家具组合起来，有一种浓浓的办公桌风格。

制图板

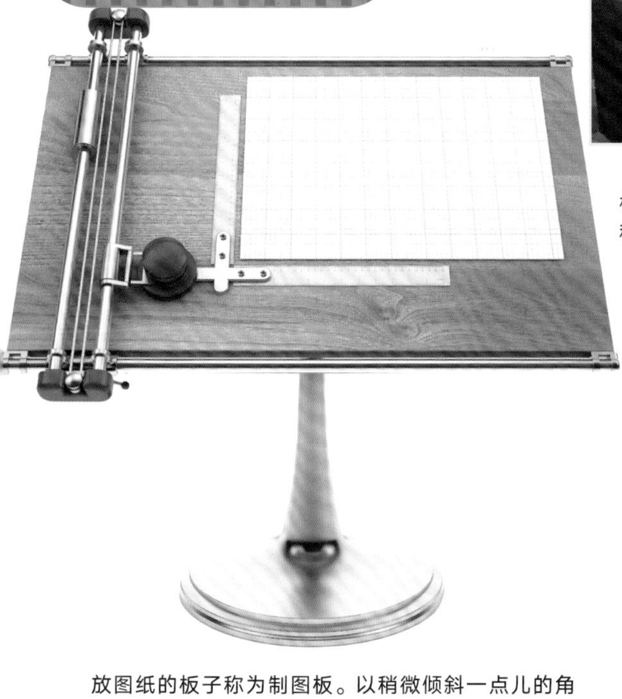

放图纸的板子称为制图板。以稍微倾斜一点儿的角度制图，画的线不容易歪，准确性会更高。想对角度进行调整，就要用到制图板。

基本信息

●宽：70~87 厘米　●深：58~65 厘米
●高：73~78 厘米　●重量：9~11 千克

制图台的实际用途

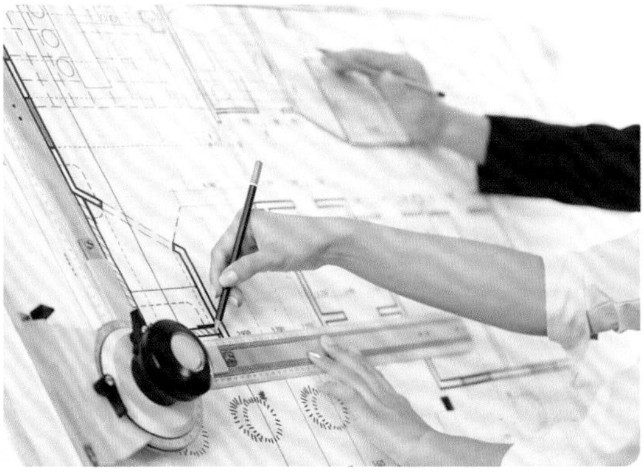

一般的制图台放置图纸的部分都是倾斜的。为了适应较大的纸张，放置图纸的制图板一般都很大，还配有成套的压纸器和规尺。

铁砧

小贴士

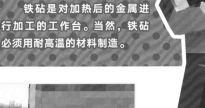

铁砧是对加热后的金属进行加工的工作台。当然，铁砧必须用耐高温的材料制造。

在《我的世界》里，铁砧主要用于修理与附魔。例如一把铁剑的耐久度降低了，使用铁砧将它跟铁锭组合起来，就能恢复它的耐久度。

铁砧

将加热后变软的金属放在铁砧上，用锤子等工具进行加工。因为要用锤子来捶打金属，所以也有人叫它锤子台。铁砧的一端有一个尖角，是用来弯曲物品的。

铁砧出现了裂缝

在《我的世界》中，铁砧在使用过程中可能会出现裂缝。一旦裂缝变深，铁砧可能就会破裂。铁砧本身是无法修理的，如果坏了，只能重新制作。

基本信息

- 宽：90~130 厘米　●深：35~50 厘米
- 高：60 厘米　●重量：1.5~100 千克

铁砧的实际用途

将加热后变软的金属放到铁砧上锻打，可以让它延展开来。另外，如果有可以盛放热金属的模具，就可以大批量生产相同形状的东西。

聆听美妙的音乐

唱片机

小贴士

《我的世界》里有很多唱片，玩家可以用唱片机播放。

如果得到了唱片，玩家可以制作一台唱片机，进行播放。有些是恐怖的效果音，有些是让人陶醉的世界名曲。

唱盘

在《我的世界》里，唱片机不能储存多张唱片，只能每次放一张唱片，想切换音乐就要换唱片。这跟图中的黑胶唱片机的唱盘很相似。黑胶唱片机由唱针和唱盘组成，唱盘让唱片旋转起来，唱针沿着唱片上的沟槽移动，发出声音。

基本信息

●宽：45 厘米　●深：35 厘米
●高：15 厘米　●重量：8~10 千克

自动点唱机

20 世纪 70 年代左右，餐饮店等商业设施一般都会配备一台自动点唱机。里面放置着大量的唱片，具备切换唱片的功能。

唱盘现在的用途

打碟师可以巧妙地控制唱片的音高和播放速度，简直把唱盘变成了一种乐器。他们直接操纵唱片，对里面储存的乐曲进行大幅度改编，同时让乐曲之间的衔接更加流畅。

让许多装置运作起来的动力能源

红石

小贴士

红石在《我的世界》中相当于一种动力物质。利用它，可以制造各种装置。

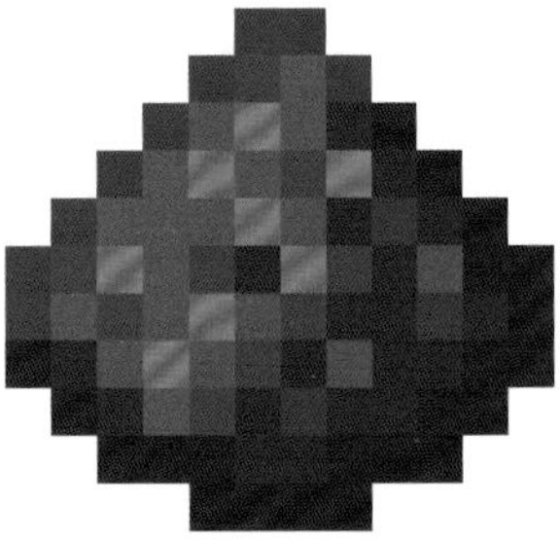

将红石和需要动力的装置连接起来，形成红石回路。有动力连通的红石回路会闪烁红色的光辉。

铜线

铜线就是用铜制成的线，是用来通电的。在《我的世界》里，玩家可以将红石粉撒在地上，形成一条线，充当电线或绝缘电线。

基本信息

- 外径：0.4~1 毫米　●长：10~70 厘米
- 用途：发动机线圈

在《我的世界》里可以进行简单的实验

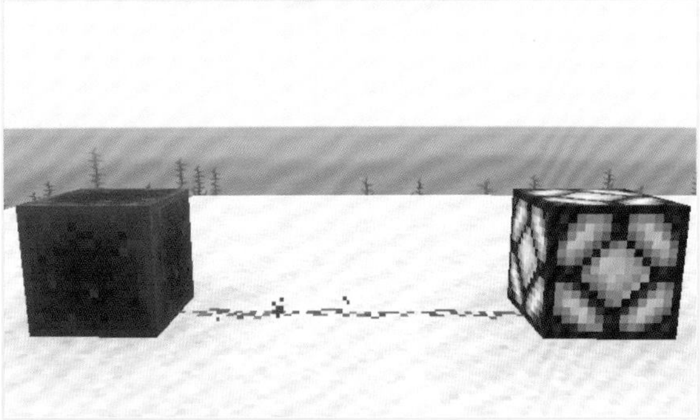

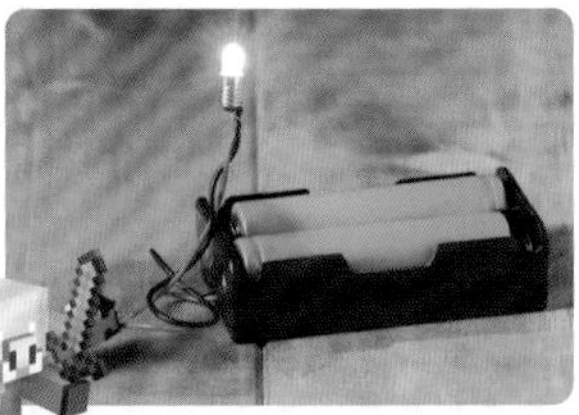

连接电池和铜线的小灯泡可以发光，这个简单的小实验可以在《我的世界》中重现。红石方块相当于电池，红石灯相当于小灯泡，红石回路相当于铜线。

知识　红石的属性跟琥珀相似吗

古希腊哲学家泰勒斯发现用布擦拭琥珀后，琥珀会吸附灰尘。当时人们并不知道这种现象跟静电有关，这是第一个有关静电的记载。连通动力的红石可能就是以当时的琥珀为原型的。

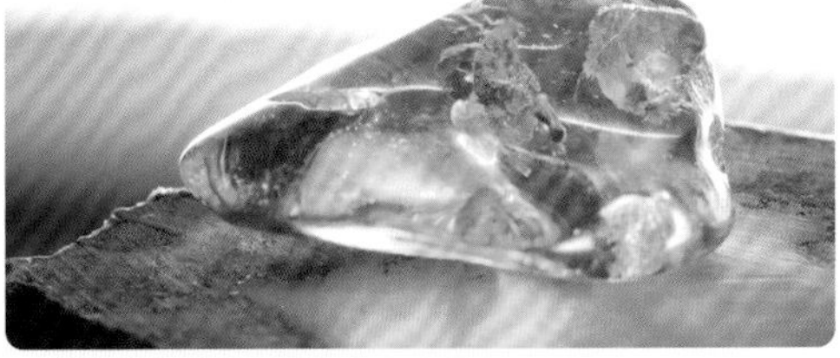

图中是埋在地下的红石矿石。除了周围一闪一闪的亮光效果，红石本身也微微闪耀着光泽。被打破时，它会发出微弱的光芒。

可复制某种操作的装置

红石中继器

小贴士

在《我的世界》中，红石中继器是用来中继红石信号并放大、阻止信号倒流或者“锁存”信号状态的。

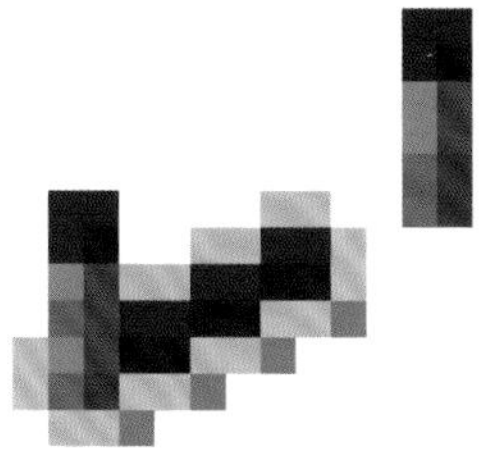

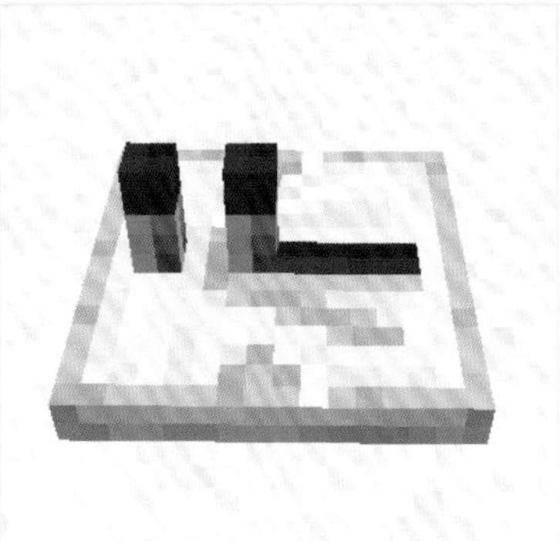

在《我的世界》里，每前进 1 格，红石信号就会减弱一些，红石中继器能使信号增强。

利用红石中继器让信号传得更远

在不使用红石中继器的情况下，红石信号最远只能传递 15 格。如果加上红石中继器，信号就会增强，传到更远的地方去。

有源中继器

USB 是一种输入输出接口的技术规范，如果 USB 的规格超过了其连接的物品的规格，信号强度就会减弱。有源中继器可以让减弱的信号再次增强，延长信号的传播距离。

有些部件可以像冷凝器那样延迟信号

冷凝器是储存电力的电子部件。在红石回路中设置红石中继器，会让信号的传递出现延迟。延迟程度可以调整。

无线中继器

图中的物品叫作无线中继器。随着距离增大，无线网络信号的强度会随之减弱，无线中继器的作用就是将信号强度复原。

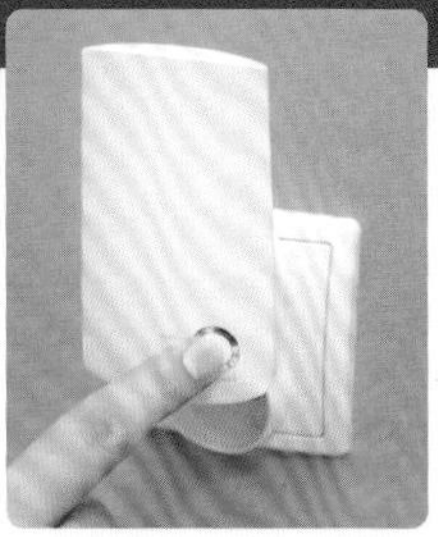

将两种强度进行比较

红石比较器

小贴士

红石比较器可以将两股电流进行比较，并切换到比较强的电流，进行供能。

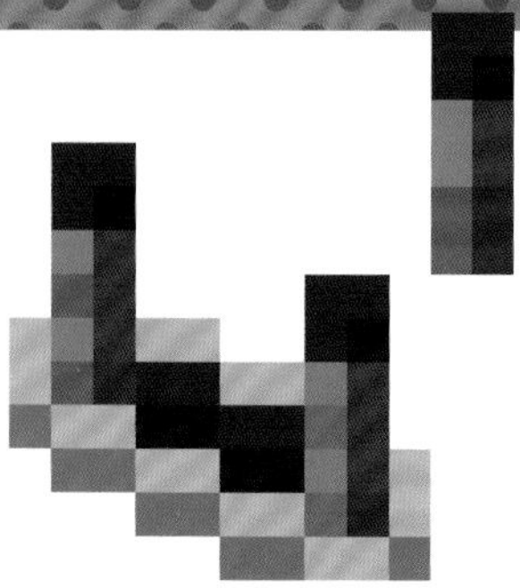

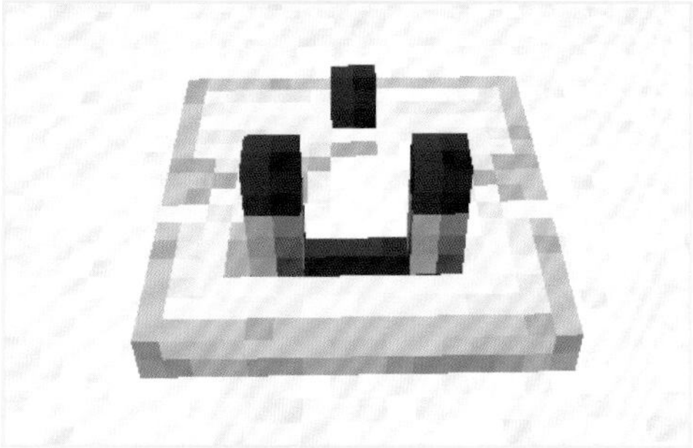

图中所示的是红石比较器。工作时凸起的部分会闪烁红光。

晶体管

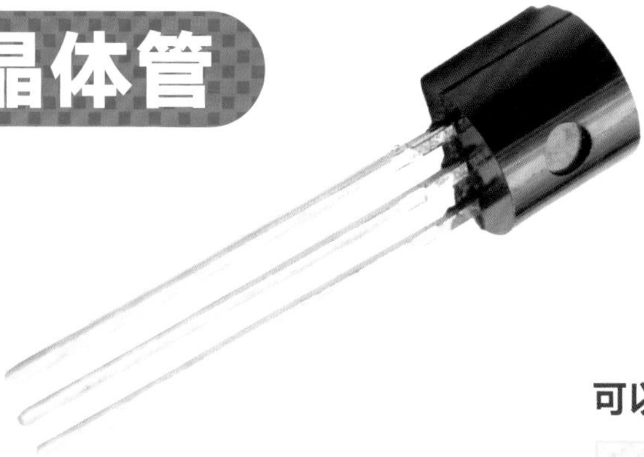

晶体管是一种半导体元件，它的作用是增强或切换信号。包括智能手机和电脑在内的很多电子产品中都有晶体管。它的功能跟《我的世界》中的红石比较器很相似。

基本信息

- 宽：7~8 毫米
- 深：6~7 毫米
- 长：0.6~1 厘米
- 重量：6~10 克

可以比较信号的强弱

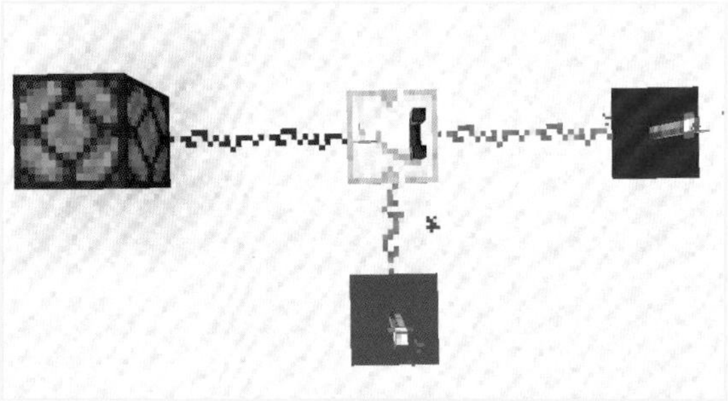

红石比较器的功能之一是比较两种信号的强弱，进而选择信号较强的一方进行传输。如图所示，红色方块发射的信号比蓝色方块发射的强一格，所以蓝色方块发射的信号就不能继续传播下去了。

电脑中有几亿个晶体管

晶体管是一种电子元件，比较小的约 50 纳米长。一块计算机芯片上就能搭载上亿个这种极小的晶体管。

知识 关于信号的强度

红石回路最多可以让信号前进 15 格。也就是说，在一个回路中，第一格的信号强度是 15，之后每前进一格，其信号强度就会减弱一格。第十五格的信号的强度会降到 1，到了第十六格，信号强度就会归零。

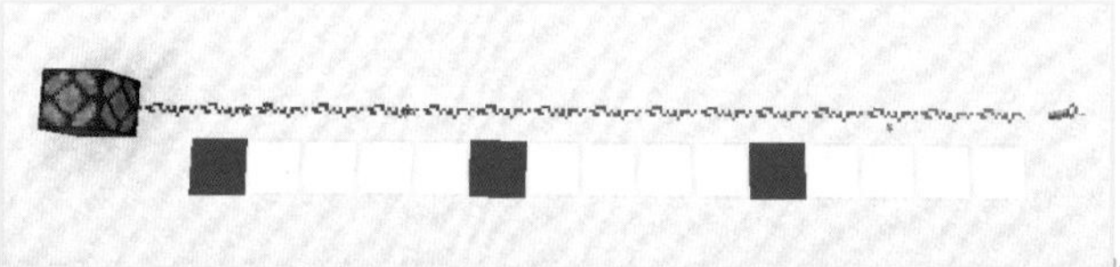

感应阳光

阳光传感器

小贴士

这种装置可以感应光照情况，从而打开动力开关。它的功能有点儿类似现实世界中的太阳能板。

在《我的世界》里，阳光传感器的功能有点儿类似于光学传感器。它也可以根据光的强度来改变信号的强弱。

光学传感器

光学传感器的功能是感应光线，传递电信号。它可以根据光线的强弱来改变电信号的强度。拿我们身边的东西来举例，一些自动照明设备感应到周围的光线比较暗，就会自动开启。

基本信息

- 宽：8.2 厘米
- 深：12 厘米
- 高：23.4 克
- 集电极电流：150 毫安

调节智能手机的屏幕亮度

现在的智能手机一般都会根据周围环境的明暗程度自动调整屏幕亮度。这就是光学传感器的实际应用。

可以在天黑时做出反应

在游戏中，将阳光传感器切换到夜间模式，可以在天黑后发射强信号。调整到夜间模式，方块上的那些圆圈图案就会从白色变成蓝色。

夜幕降临就会启动的自动照明

灵活地使用夜间模式，可以制作只在黑暗时开启的自动照明设备。这是个非常简单的操作，只要将阳光传感器调到夜间模式，再放到红石灯上就可以。

密切观察一切动向

观察者

小贴士

在《我的世界》里，观察者感知到任何动静都会自动开启。

将有脸的图案的这一面放置在想观测的方向，一旦发现任何行动，观察者就会瞬间发送信号。

接近传感器

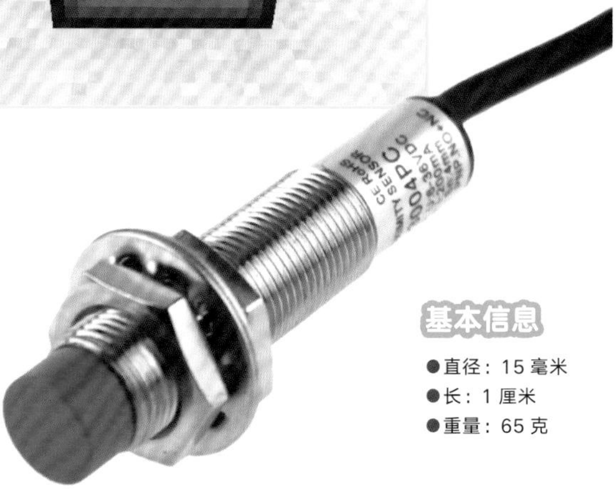

接近传感器不需要触碰就可以感应到有东西在靠近。它的工作原理是在检测到周围的运动时释放电流。有些接近传感器是利用磁场来探测，有些则是利用电场。

基本信息

- 直径：15 毫米
- 长：1 厘米
- 重量：65 克

接近传感器可以防止通话过程中的误碰

在用智能手机通话时，我们的脸部不可避免地会接触到手机屏幕。之所以不会出现误碰，就是这种接近传感器在起作用。

自动收获甘蔗

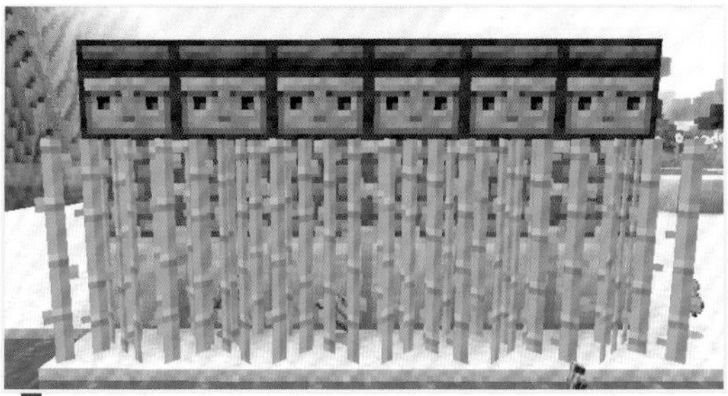

在《我的世界》中，甘蔗可以长到 3 格高。玩家可以用观察者监测甘蔗的成长。

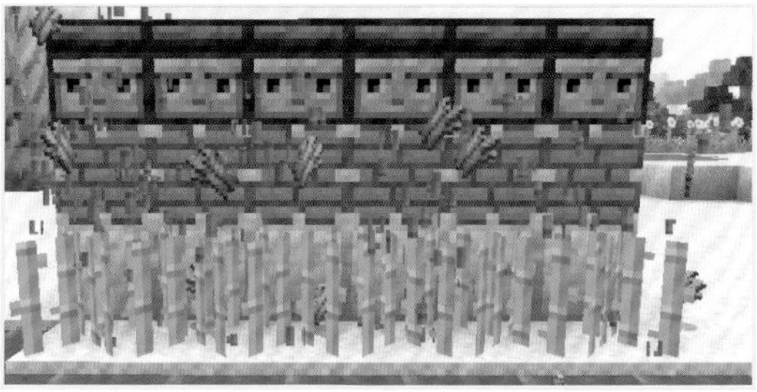

监测到甘蔗成熟的那个瞬间，活塞的动力系统就会开始工作，然后自动收割甘蔗。

检测到振动就会发射信号

潜声传感器

小贴士

潜声传感器检测到声音后，动力系统就会开始工作。

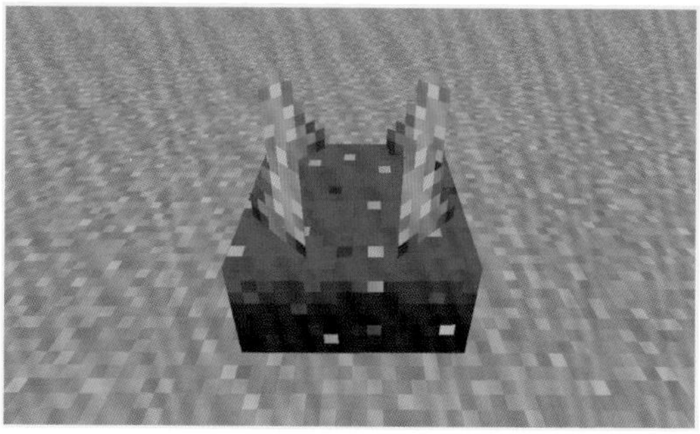

潜声传感器的样子看起来非常奇怪。玩家可以在地下世界找到制作潜声传感器的材料。

可感知 8 格内的生物入侵

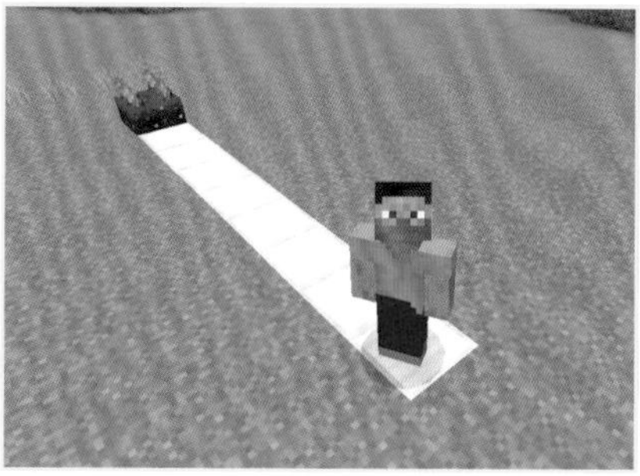

在《我的世界》里，生物走动时一定会发出脚步声。潜声传感器能检测到 8 格内出现的脚步声。当入侵者来到距离传感器 8 格内的区域时，就会被感应到。

振动传感器

现实世界中也有一种类似于游戏中的潜声传感器的装置，叫作振动传感器。从名字就能看出来，振动传感器就是用来检测振动的。

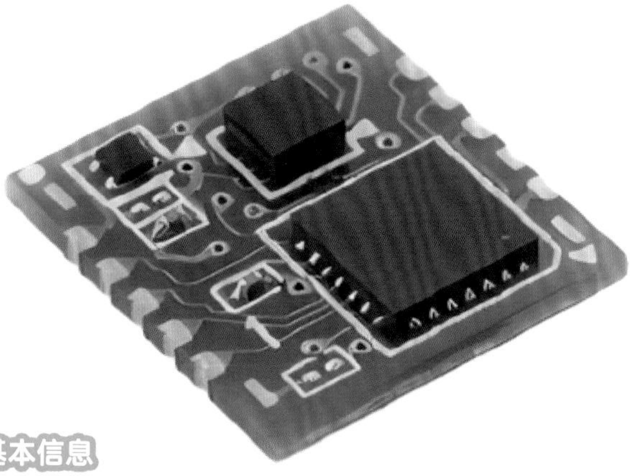

基本信息

- 宽：1.1 厘米
- 深：10 厘米
- 电源电压：2.1~5.5 伏

感知到强烈的晃动会切断电源

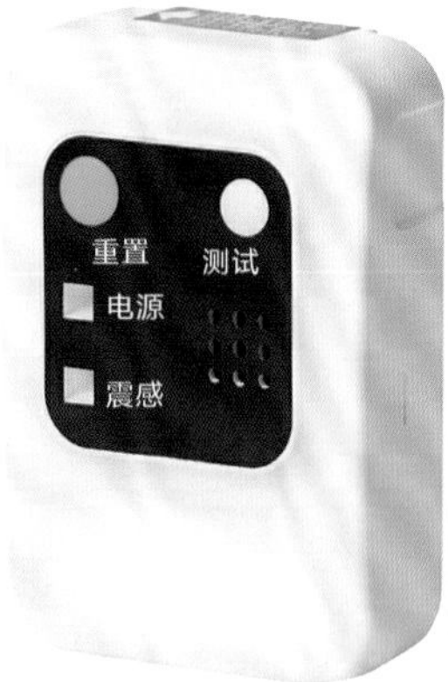

地震断路器感知到强烈的晃动后会自动切断电源，防止电器引发火灾。

知识 陀螺传感器可以监测物体的倾斜

陀螺传感器跟振动传感器多少有些差别，不过它可以监测物体的倾斜。陀螺传感器被广泛用于无人机，一旦无人机发生不自然的倾斜，陀螺传感器就会向发动机发送信号，使无人机保持平衡。

生活在《我的世界》里的人类

在《我的世界》里，除了玩家，还有很多人类角色。有一些是善良纯朴的角色，还有一些是会攻击玩家的邪恶角色。大家可以观察一下每个人都有什么样的特征。

村庄里住着一些可以跟玩家进行交易的村民。在不同的村庄居住或从事不同工作的村民穿的服装都不一样。跟他们交易时，别忘了准备绿宝石。

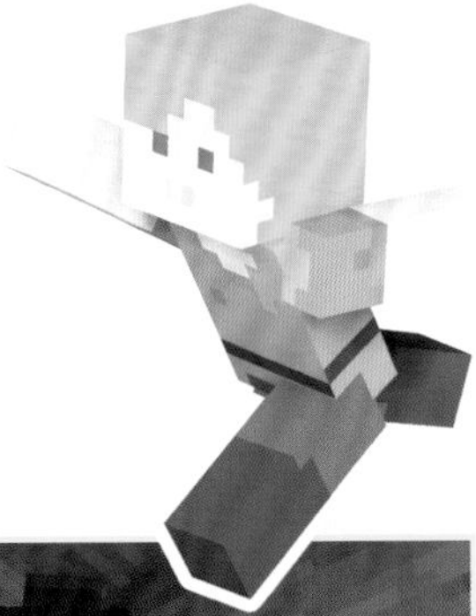

村民与小贩

村民居住在村庄里，从事着不同的工作。小贩牵着羊驼四处游走。玩家可以用绿宝石作为货币，从村民和小贩那里买各种各样的物品。

女巫

外表像村民，其实是怪物。虽然看上去跟人一模一样，但是无法与之交流。村民被雷击中后会变成女巫。那些流落在外的女巫，说不定以前是村民。

僵尸村民

有些村民被僵尸打败后会僵尸化。玩家可以向僵尸化的村民喷射虚弱药水，再给他吃金苹果，就可以使其复原。

掠夺者

这群人也被称为野蛮的村民，他们组成一个多人部队在附近徘徊，使用的武器一般是弩。发现玩家、村民或小贩在附近经过，他们就会发起攻击，甚至会对村庄发动大规模的袭击。

版权贸易合同审核登记图字：22-2023-069 号

图书在版编目（CIP）数据

我的世界：地球奥秘大百科 /（日）左卷健男，《我的世界》专家组编著；黄晶晶译．— 贵阳：贵州人民出版社，2023.8
ISBN 978-7-221-17830-5

Ⅰ．①我… Ⅱ．①左… ②我… ③黄… Ⅲ．①地球－少儿读物 Ⅳ．① P183-49

中国国家版本馆 CIP 数据核字 (2023) 第 154970 号

WODE SHIJIE: DIQIU AOMI DABAIKE

我的世界：地球奥秘大百科

[日] 左卷健男　《我的世界》专家组　编著　　黄晶晶　译

出 版 人　朱文迅
策划编辑　陈继光
责任编辑　徐　晶
装帧设计　人马艺术设计・储平

出版发行　贵州出版集团 贵州人民出版社
地　　址　贵阳市观山湖区会展东路 SOHO 办公区 A 座
印　　刷　天津丰富彩艺印刷有限公司
版　　次　2023 年 8 月第 1 版
印　　次　2023 年 8 月第 1 次印刷
开　　本　787 毫米 ×1092 毫米　1/16
印　　张　8
字　　数　100 千字
书　　号　ISBN 978-7-221-17830-5
定　　价　59.00 元